猫は猫らしく、人は人らしく

清水八千代
Shimizu Yachiyo

文芸社

はじめに

「猫」との付き合いは三十年になります。札幌での出会いが始まりで、それ以後ずっと続いています。その出会いはその折々にエピソードがあり、書き留めては、友人知人への手紙の時に一緒に送っていました。猫友が増えていきました。

子供の頃から、動物は嫌いではありませんでした。十姉妹、手のり文鳥、セキセイインコを飼ったり、柴犬の雑種、コッカースパニエルの雑種、猫など両親が与えてくれていたようなところがありました。教育的配慮だったのでしょうか。お蔭で小動物は好きで、秋になるとコオロギや、スズムシなども飼っていました。

その流れか、札幌のマンション住まいでノラ猫のオオトラに出会ったのは、秋も深まりいよいよ寒い冬になろうとしている一九八七年九月の頃でした。一階にある我が家の専用庭に面したコンクリートのベランダの下に、子猫を産んで子育て態勢に入った大きな白トラ猫がいたのです。

私はオオトラの子育てに大いに関心をもちました。その頃、上野動物園の飼育係長、のちに動物園長になられた中川志郎さんが「動物の子育てに学ぶことが多い」とおっしゃっていた記事を拝見していましたので、母猫オオトラの子育てを見ながら「確かに」と中川園長さんに共感の思いを強くしました。

オオトラは、我が家でご飯をもらうようになる前は、子猫をくわえてあちらこちらと安心できる所を探していたようでした。それが結局、清水家に戻ってきたのです。その後はずっと清水家の専用庭で過ごし、とうとう、私たち夫婦はノラ猫と同居する生活に入っていったのです（詳しくは本文第1章―2「猫一家と清水さん夫妻」）。

その後、一年弱のイギリス生活を経て札幌に戻り、仙台に転居。初めは賃貸でしたが、やがて一軒家を建てて住みつき、東日本大震災を経て、現在まで三十年間、猫の顔ぶれは入れ替わりましたが、いつも複数の猫が私たちと同居していました。

華、パンダ、琴、マリア、ガオ、サラ、チョビ、まり、……と名前をあげると、つい笑顔になってしまいます。「ペット」と人はいいますが、我が家の暮らしの中ではペットというよりも同居人（猫）といったほうがぴったり！　と感じます。

猫たちからもらう心のあり方を考えながら、「共にいい家族でいたいね」と思います。今、足元近くに寝そべって私を見ているチョビとサラを眺めながら、先立った猫たちを思い浮かべ、

「お互いに対等な関係を作れていたかしら」

「一緒にいてくれてありがとうね」

と偲んでいます。

この三十年、主に友だちに向けて、折々の猫の物語を書きためてきました。このたび思い立って、それらをまとめてみたところ、この一冊の本になりました。

猫は猫らしく、人は人らしく　目次

第1章

ホームレス猫との出会い

1　札幌での生活

一九八六年五月、住み慣れた東京をあとにして札幌に向かいました。

私は一九七五年に甲状腺ガンの手術を受けました。以降十一年間、幼稚園在職の間に五回再発し、手術を受けましたが、どうしても教育現場で身につけたい指導法があり、仕事を続けていました。治療と仕事の両立は職場のスタッフの協力を得てのことで、恵まれた環境にいたと思います。私立七年、公立二年の非常勤、そして公立幼稚園主任教諭として十三年間、幼児教育に意欲的で充実した生活を過ごしました。

夫は私が移住する六年前（一九八〇年八月）に、札幌に勤務先を変えていました。その当時は札幌に単身赴任した男性のことを「サッチョン」と呼んでおり、彼は「サッチョン族」の仲間入りをしたのでした。

夫との六年間の別居生活の間、それまで夫の実家続きの二部屋（台所・トイレ付）が自分たちの住まいになっていたので、私はそこで暮らし続けました。

夫の両親と妹はゴールデンレトリバーを飼っていました。後に私たち夫婦が札幌に住むようになって、妹夫婦が私たちが住んでいた部屋に移り、母と同居した時には、妹の夫が結婚前に飼っていた猫二匹も加わり、大型犬一頭と猫二匹が家族になったのでした。

札幌への転居にともない、友人に紹介された東札幌病院に転院、同院受け入れにあたっての検査の結果、甲状腺ガンの転移が見つかり、大学病院で十一月に手術、そろそろ抜糸かなという時期に術後感染により大量出血し、二回の手術を経て、感染治療に三か月かかり、一九八七年三月にようやく退院しました。

そんな経緯もあり、私の気持ちとしては、この時からが札幌での生活の始まりでした。

マンションを買って住んだ真駒内というところは冬季オリンピック会場として開発された町で緑豊かな札幌郊外でした。地下鉄南北線の終点で交通の便も良く住みやすいと感じました。

四か月にわたる入院でしたから、退院してまずはリハビリ中心の生活で、住まいの近くを流れる真駒内川にそった遊歩道を歩くのが日課でした。

そこで初めて出会った「カワセミ」に目を奪われました。川面ぎりぎりを魚を狙って素早い速さで飛ぶカワセミは、おなかのオレンジ色と背中のエメラルドグリーンが美しい、雀くらいの大きさの鳥でした。

そういえば、歌にありましたね。『わらいかわせみに話すなよ』という歌です。長いくちばしで魚をゲットする姿はキングフィッシャーと呼ばれるにふさわしい姿と思いました。

同じマンションに住む木村悦子さんとは友人関係で仲良くお付き合いするようになり、猫とバードウオッチングの話題が共通で、それ以来の友情関係を保っています。

そして、もう一人、H大病院入院中に友人になった人が辻幸子さんです。

病室で奥さんが残したリンゴをご主人が持ち帰るのを見て、「どうするの?」、「鳥の餌台に置いておくの」から話が始まり、退院してから家が近かった(車で十五分くらい)こともあり、お宅を訪ねてみて驚きました。庭にしつらえてあるバードテーブルに餌を求めて飛んでくる野鳥たちがいるではないですか。

東京から来た私は「興味津々」です。たびたび訪ねては、野鳥たちを肉眼で観察しました。まさに喜びの経験でした。

辻家のバードテーブルはご主人が冬になる前に用意するのだそうです。息子さんの学校は野鳥観察を子供たちに経験させているため、お母さんも一緒に勉強させられて覚えたと話してくださいました。

私が覚えている限りは、雀はもちろんのこと、アカゲラ、アオゲラ、ヒヨドリ、シジュウカラ、コガラ、ヤマガラ、ゴジュウカラ、ハシブトガラなどが来ていました。

「猫に餌をやっているXさんへ」

さて、夫と同居することになり、最初に夫から聞いたエピソードは、「猫に餌をやらないでください」のポスター風チラシのことでした。

我が家が購入したマンションはエントランスの左右に居住者の住む部屋がありました。一階の部屋には十畳ほどの専用庭がついていました。山野草趣味の夫は、一階は寒いことを承知で、専用庭が使いたくて購入したのでした。

そこは猫の通り道でもあって、猫好きの人が我が家のテラスのすぐ外でマンション玄関の脇にあたるところに餌を置いていました。ある時それに気付いた夫は、次のような張り紙をしました。

猫に餌をやっているXさんへ

以前は時々通りすぎるだけだった猫が、ここのところいつもテラスに居るようになりました。テラスに積った雪の上に糞などもします。以前はこんなことなかったので、お互いに不干渉でそれなりにうまく過ごしてきたノラ猫達と私ですが、ここに居付かれるとなるとそうもいかないなと思っていました。

ところがその原因が分りました。猫は餌を待っていたのです。餌が置かれる場所に近い所で。他の猫に見付かる前にそれにありつけるように。もうあちらこちら餌を求めてうろつく必要はないのですから。

そうして猫はすでに半ば野生を失いつつあります。

私は猫に餌をやってくれるなというのではありません。それを人に要求できる立場にはおりませんし、猫がこの寒空の下でがんばって生きているのを見て、愛情の故に餌をやる人の気持がわからないわけでもありません。そもそも今までだって結局は人間の食料に依存して、猫は生きてきたわけですし。

私がお願いしたいのは、ここに猫を居付かせるような餌のやり方はしないで下さい、ということです。定期的に同じ所でやるにしても、いわば他人の家の軒先でやるのはやめて下さい、ということです。

私はノラ猫と互いに不干渉である限り共存していってもいいと思っています。でも私自身は餌をやることはしません。積極的に、また中途半端に彼らを保護することに賛成しません。もしそれで彼らがこの自然環境に不釣合いに繁殖してしまったらどうでしょう。そのときにはきっと、人間達は、迷惑だから駆除するなどと言いだすのです。私はそういう勝手な自然の支配者にはなりたくないのです。

どうぞ、気を悪くなさらずに、私の真意をご理解下さい。

2　猫一家と清水さん夫妻

猫騒動顛末記（一）

一九八七年九月中旬頃のこと、夫は秋から冬に備え、植物の冬越しの準備をしていました。テラスの下のくぼみのブロックをどけたところ、一匹のノラ猫がそこに開いた穴から飛び出してきて、一目散に逃げ去りました。

夫の大声で私も外に出てみると、その穴の奥には生まれて一週間経つか経たないほどの赤ちゃんが四匹うごめいていました。猫好きの友人、悦子さんを呼んで、「わぁー、かわいい」と大騒ぎをしました。

ところが翌日、猫の姿は消えていました。

危険を感じたのでしょう。子猫とともに避難していたのでした。

その後、母猫は子猫を抱えてあちこち安全な場所を探しては移動していたようです。

――この間いろいろあったのですが省略――

結局、最後は我が家へ戻ってきたのです。

私は夫と話し合いました。

夫はノラにはノラの生きる道があると言います。

私「でもこれから寒さに向かう（この頃すでに夜の気温は七℃くらい）のに子育て大変じゃないかしら」

夫「それができるから、ノラが今まで生き残ってきているんだ。寒いっていっても、人間と猫とでは感じ方が違うんで、変な感情移入はしないほうがいい」

私「でも子猫が自立できるまで面倒見てあげようよ」

夫はマンションに引っ越してきた頃、猫のおしっこが植物をあらすので辟易していました。ノラに餌をあげる人がいて、しかも餌を我が家の塀の向こう側（マンションの玄関の脇）に置くので、困ると張り紙をしたくらいですから。

でも彼も多少の興味がないわけではないようです。

夫「それじゃ、まあ、我が家のベランダを子育てに猫が勝手に使う分には構わないことにしよう」

猫の一家は、夜はI家（エントランスをはさんで向かい側の一階のお宅）のベランダの下、昼間は我が家の庭やベランダで子育てを始めました。

母猫の警戒心と子猫を守り育てる勢いに、私はまず感動して、それからその子育てぶりをじっくり観察することに興味をもちました。これが猫一家との出会いのいきさつでした。

ちなみに、母親の名前を「オオトラ」、その娘で母と同じ毛色を「コトラ」、白黒でパンダのような顔のを「パンダ」、黒白で鼻と口のところに黒点がついているのを「ハナクソ」に見立てて「ハナ」（後に「華」）と名付けました。

母猫の「カーッ」

猫一家は「味噌汁ご飯」をよく食べました。初めの頃は煮干し、後には目刺し――焼くと家中が鰯臭くなるので閉口します――を入れてあげました。

人に対する警戒心はすごくて、私たちがベランダに出ると恐れて逃げる行動を取りながらも、夫にも私にも口を三角に開けて、耳をうしろに倒し、目を真ん丸にきつい顔をして、精一杯「カーッ」「カッ」と、いまにも飛びかからんばかりに凄むのです。威嚇ポーズ！

やがて子猫も、この「カーッ」を私たちに向けてやるようになりました。

この恩知らずめ！

ご飯の食べはじめ

秋も深まり、だんだん寒くなるわ、子猫は大きくなるわで、さぞ食べ物の調達が大変だろう、おなかを空かしているだろう！　と、感情移入したあまり、「おいおい、そんなことするのかよ」との夫の抗議の声を尻目に、つい煮干しをベランダにほうってやってしまったんですよね。食べました。そこまではいいのです。次の日になったら、昨日までは見向きもしなかった一家が、ベランダに出入りする口になっているガラス戸の外に座って、部屋の中を覗くようにしています。食べ物をくれるのを待っているようです。

「ほら、一遍で覚えちゃったじゃないかよ」と夫は言いながら、「これじゃあ、食べ物をやらないわけにいかんだろ」ですって。

——何だか変な論理です。

最初に味噌汁ご飯をベランダに出した時、母猫は恐る恐るでしたが食べました。まず自分が食べて、残りを子猫に与えていました。

そのうち子猫に先に食べさせて、自分は残りを食べるようになりました。安全とわかったのでしょう。子猫に先に食べさせる母の心。これにまず八千代さんは喜んでしまったのでした。しかし、時には母親は自分のおなかを満たそうとしてか、自分がさっさと食べてしまうこともありました。

猫一家我が家に入る

母猫のきつい顔は少しずつ穏やかになってきましたが、母性本能により「守り」は相変わらずでした。でも夕方になると、必ず子猫を連れてご飯を催促に来ます。加えて魚をどこからか失敬して、ベランダに持ち込み、親子で食べることもするのです。マンションの上から鮭の頭が落とされて母猫オオトラがそれを子供たちに与えている姿も見かけました。

初めての食べ物の時は自分が試してから子供に食べさせるとか、子猫に食べさせてから自分はあとで食べるとか、子猫を中心に暮らしていました。「野生を捨ててはいかんよ」と、生臭いベランダを我慢しました。人には決して馴れず、ベランダに出ると相変わらず「カーッ」「カー」。

ある時、戸を開けておいたらどうなるのだろうと、やってみました。はじめは中に食べ物をおいて。それに釣られて入ってきました。

でも八千代さんの良心は痛みます。

「ノラの猫なんだ」「飼い猫のようにしてはいけないんだ」と。

でも好奇心と移入した感情（？）には勝てません。

結局、家の中で猫飯をあげるパターンができてしまいました。母猫は食べるとさっさと外に出ていきますが、子猫はだんだん長いこと部屋の中にいるようになりました。

猫一家の一日の行動はだいたい一定しているように思います。我が家を訪れる時間もまあ決まっているのです。ところが、時々、気まぐれに昼間中来なかったりするのです。そういう時、こちらは心穏やかでなくなり、「何かあったんじゃないか、人に捕まったのじゃないか」とほかの仕事が手に付かなくなります。そうしているうちに、ひょっこり顔を見せ、相変わらずの様子です。

「このぅ、気まぐれが。もう知らないからね」

この頃から私の頭のすみには「ノラはどう生きるべきか」という問いが出始めました。専業主婦が地域にくらす時、最初の課題になりました。夫はというと、「その辺の理屈はみんな君に任せた」。

猫を家に入れて良いのだろうか

秋からずっと落ち着かない日々を送ってきました。自分で播いた種ではありますが、例の猫の家族のことで……。

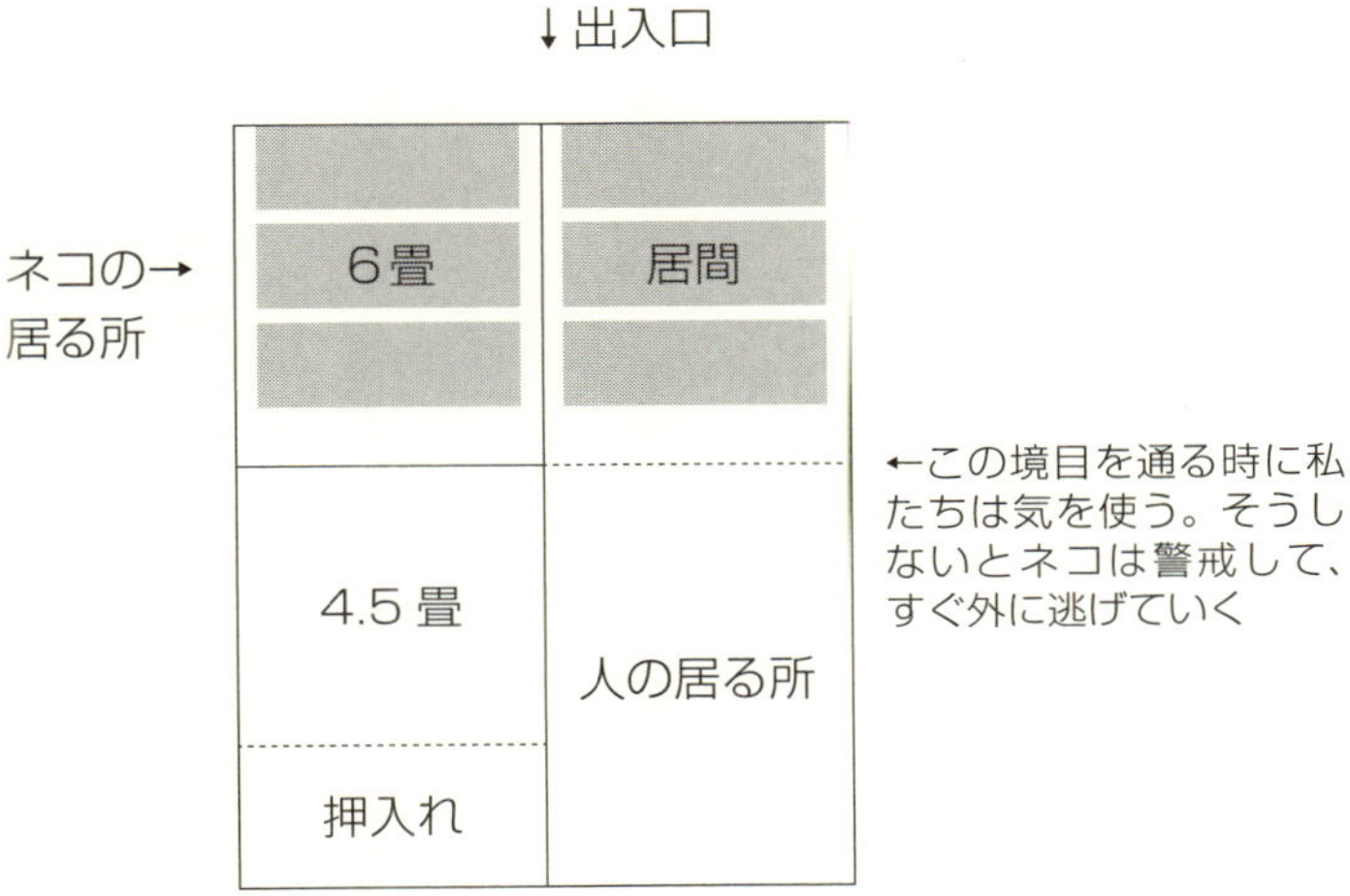
↓出入口
ネコの→
居る所
6畳
居間
4.5畳
押入れ
人の居る所
←この境目を通る時に私たちは気を使う。そうしないとネコは警戒して、すぐ外に逃げていく

子供と同じで初体験にはいろいろと心が騒いで、生活のかなりの時間が猫との関わりで煩わせられる日々でした。

例えばここ二、三日の場合、子猫（もうずいぶん大きくなりました）がおしっこを家の中でしてしまうので、その後始末に右往左往。猫のおしっこって強烈に臭いのですよね。これをカーペットの上にされると大洗濯といった感じで、夫婦でせっせと洗います。また、外の足のままで入ってくるため部屋が汚れるので、古シーツをあちこちに（猫の居場所を中心に）敷いておくのですが、その洗濯を週に一度はしました。

食べ物は毎日あげて、外出しても猫の

食事が気になって、早く帰る努力をしたり。外は寒いので、つい可哀想になって家の出入りを自由にしておくのですが、そのためにこちらが寒いのを我慢し、ストーブを余計につけたりもします。戸の開いている十センチくらいの部分にポリシートの垂れ幕をして、人間が寒くないように防備する等々。

こうして一つ家の中で猫と人間が共存することになりました。しかしおかしなことに、これだけ私たち夫婦が気を遣ってきたにもかかわらず、猫たちは決して一線を越えないのです。というのは、猫は決して触らせてはくれないのです。

抱くことができない、この悔しさ！　彼らは私たちに気は許していると思うのですけどね。食べ物を貰えることについてはもう当然のようで安心しきっています（母猫は時にはどこかで魚などを拾って持ってきたりもするのですがね）。

家に自由に出入りするということは、ある面で気を許しているわけです。自分たちの縄張りの中では運動会ごっこをする、ソファの上で寝る、一家団欒の場所に使う（じゃれ合う）等、のびのびと行動していて、この範囲で寝る所も隠れる所も決まっているのです。

運動会ごっこなんかやって走り回っている様子を見ると、飼い猫のように思えて、いつでも抱くことができるような親しい関係が出来上がっているように見えるのです。

ところが、夫が一声でも大きな声を出すと、一目散に逃げ出しますし、私がその遊びの場所に一歩近付こうものなら、サッと隠れてしまうのです。

彼らは絶えず、我々を敵としてしか見ていない。でも、やはり気を許しているところもたくさんあるみたい。皿に食事を入れていると、「ハナ」は必ずそばまで寄ってくるとか、母猫もだいぶ逃げる回数が少なくなったり、「パンダ」は逃げる時は必ず外へ逃げていたが、この頃は家の中の一定の逃げ場所に入って、人の動きの様子を見るとか、と変わってきてはいるのです。私の思うところ、子猫の二匹は決してこれ以上人にはなつかないのではないかしら。母親が小さい時からしっかりしつけてきたので、ノラ猫の習性を身につけてしまっているようです。

私たち夫婦の当初の目的は冬越しするまで子育てを手伝ってあげようということでした。もちろん成長した結果、このマンションの界隈を徘徊するノラ猫が三匹になる――これは困る――ということを考えないわけではなかったのですが。これにさらにおまけが付いて、夫は某漫画の猫の生態をこの目で確かめたいという好奇心。私は母猫の子育ての仕方に関心があってそれを見届けたいという好奇心。

その他のことは一切目をつぶって――北海道は大地が広いのだから、ノラ猫の居住権を認めようなどと勝手な大義名分をつけたりしていました。

マンションでは動物を飼ってはいけないので、飼い猫のようには関わらないようにする、ノラの習性を失わせてはいけない、私たちがノラ猫を保護していることを近隣の人々に知られないように気を遣う——ということで夫婦は一致団結したのでありました。

余計なことを考えれば、このノラ猫さんのためにかかる、食べ物代、ストーブの灯油代、洗濯のための水道代・石鹸代等の経済的負担や、カーペットが傷む、おしっこ臭い、畳の消耗、部屋が汚れるのでしょっちゅう床を這い回って拭いている私の時間のロス等、損失が多い。アホなことをしている。春になってまわってくるつけは大きいだろうと予想される……何とアホな夫婦か——。

というわけで、喜怒哀楽、悲喜こもごもの生活で時間のロスが多くて、手紙を書く時間が削り取られるという結果を招く日々をすごしておりました。

本当に馬鹿な夫婦でしょ。そうわかっていても見捨てられないの。結局、抱くこともできないのにとぼやきながらも、我が家の可愛い猫になってしまったのよね。

毛の艶もいいし、この猫家族はノラ猫にあらず、家猫に近いノラ猫ファミリーになってしまったのでした。おいしい（？）ご飯と暖かい部屋と安眠のためのソファーと自由な行動が許される空間、そして決して大声で叱られることがない穏やかさを私たちは提供することになったのでした。

猫騒動顛末記（二）

夜中には外へ

雪の季節。寒さが一段と厳しくなっても、母猫オオトラは、夜中十二時頃には子猫たちを連れて外に出ていきます。

ある雪の降る寒い夜。母猫は外に行こうとしますが、子猫のハナとパンダは出ようとしません。寒いから「暖かい清水さんの家にいたいよ～」とハナは特に外に行きたがらないのでした。

母猫はすかさずハナのそばに行って「ウニャ」と言いつつパシッと頭を一発！　ハナとパンダは母トラの言うことを聞いてしぶしぶ外に出ていきます。可哀想でしたが仕方がないのです。

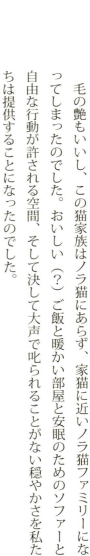

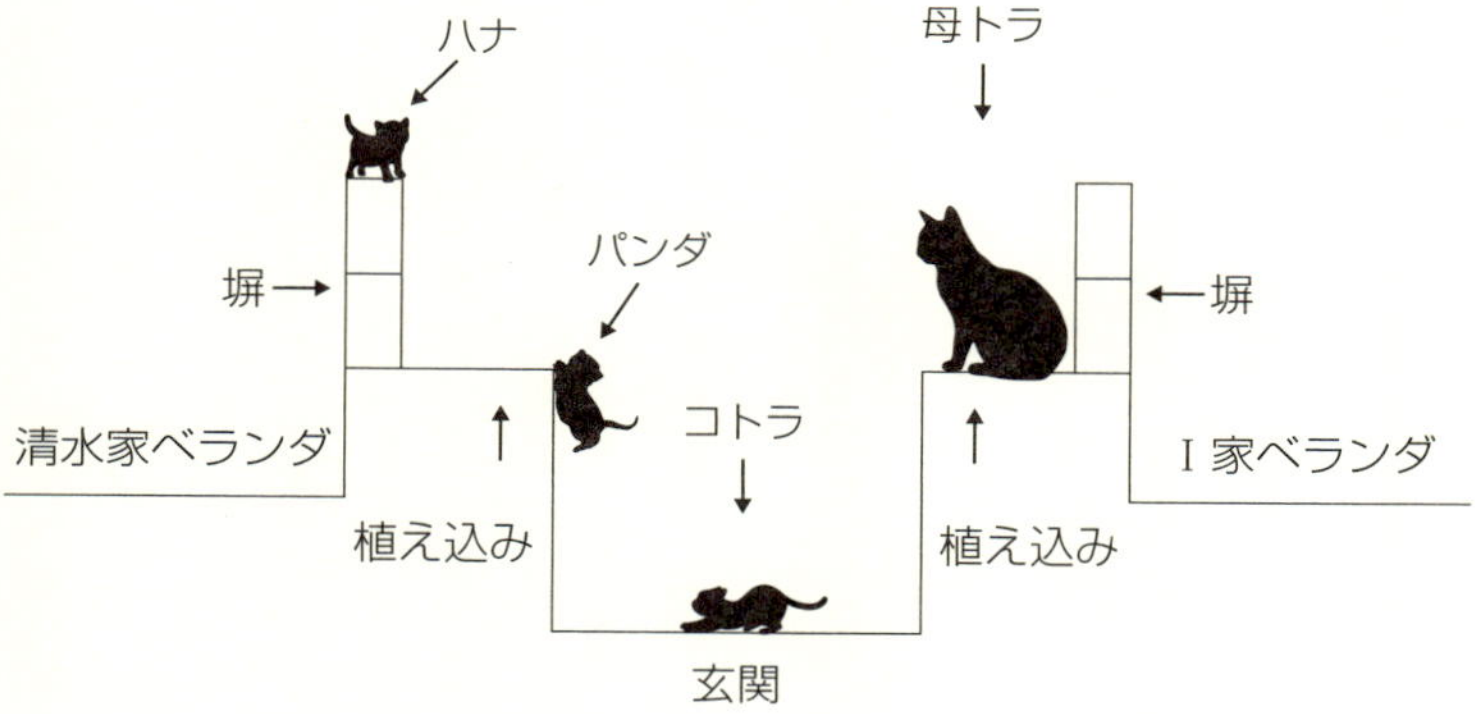

母トラ、子猫を訓練する

まだコトラが我が家にいた頃のこと。

ある夜十一時三十分ごろ、猫の「ミャーゴ、ミャーゴ」の声にベランダを覗くと、子猫がベランダの「塀」の上にのっているではありませんか。さらにその向こうで母トラが「おいでおいで」をするように「ミャーゴ、ミャーゴ」と鳴いています。いつもの鳴き声と違います。

私たちはカメラ持参でマンション玄関に出てみました。

すると、コトラが植え込みにいるパンダと地面との間を上がったり下りたりしながらパンダを促すような仕草をします。

パンダはコトラの真似をして下りました。コトラは今度は上がってみせます。パンダも上がって

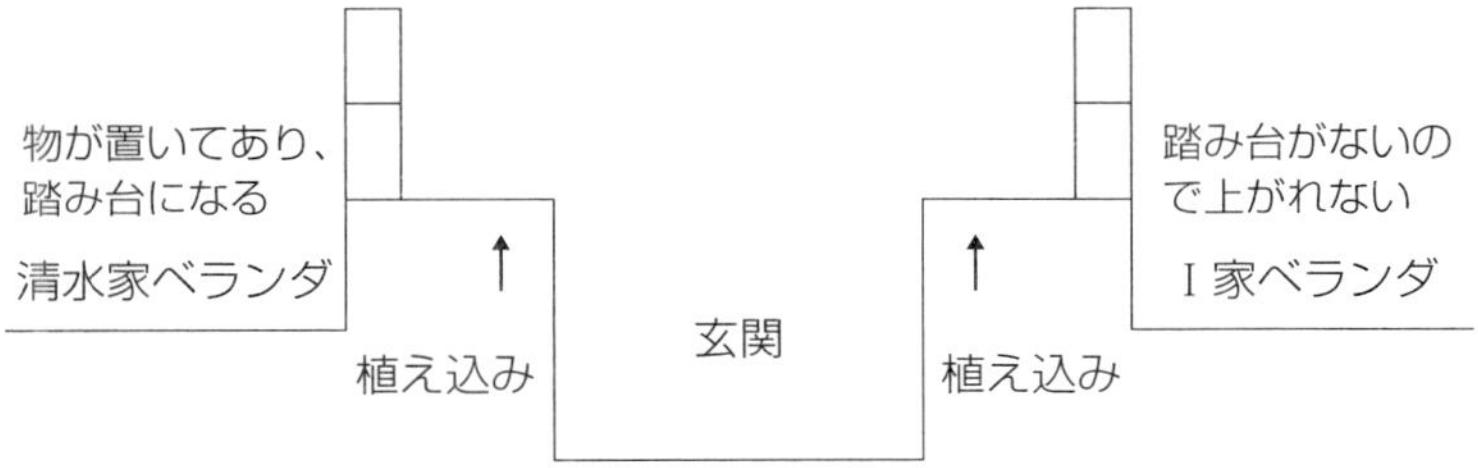

みようとしました。ところが上がれません。母トラはじっとパンダを見ています。コトラはもう一度下りて、また上がってみせます。そしてパンダを振り返って、やるのを待つ様子。パンダは何回かやった末、やっと勢いをつけて、植え込みの縁の煉瓦に手の先の爪を掛けてぶら下がることができました。そして、それからは後ろ足で「えいやっ」とよじ登って、やっと上がれました。

ハナはベランダの塀の上までは来ていましたが、ついにそこから植え込みまでも下りようとはしませんでした。母トラは何回かミャーゴミャーゴと鳴いて促し、兄弟たちもハナを見上げて待つのですが、動こうとはしません。そうしているうちに、母トラが戻ってきて、三匹を連れて我が家のベランダへと下りてきて、本日の訓練は終わったのでした。

その後、コトラは玄関の先のI家のベランダまで下りていきました。そして二日ほど姿を見せませんでした。I家から清水家へ帰れなかったのです。

でも二日後に帰ってきました。

三匹の中でも、育ちの早いのがコトラ、そしてパンダ。ハナはやや幼いようでした。

「やれやれ」

この訓練は夜になると行なわれておりました。

コトラはしっかり者の長女のようで、兄弟の先頭に立って母トラの子育てに協力していました。後日談ですが、コトラは大捕り物のすえ捕まえられ、ご近所の方に貰われていき、人に懐く猫になりました。残ったハナとパンダが我が家の猫になりました。

パンダの放浪と帰還

パンダもとうとうコトラと同じ羽目に陥り、I家のベランダに下りました。そして、五日間戻ってこれませんでした。

パンダが鳴いています。私もマンションの猫好きの悦子さんもやきもきしました。あれはパンダの運命なのかと思いながら心を痛めました。パンダはI家の塀に上がることができないのです。

パンダはI家より二軒ほど先の家のベランダに置いてある本棚または植木棚に張ってあるビニールの破れているところから、その中に入って日々を送っているようです。塀の外からパンダを捜していて、そこにいるのを見つけました。じーっとしていて、なんだか弱ってきているように見えます。母トラは時々パンダのところに行ってやっているようです。

ところが四日目の後半から、母トラがずうっとハナと一緒にいるようになりました。

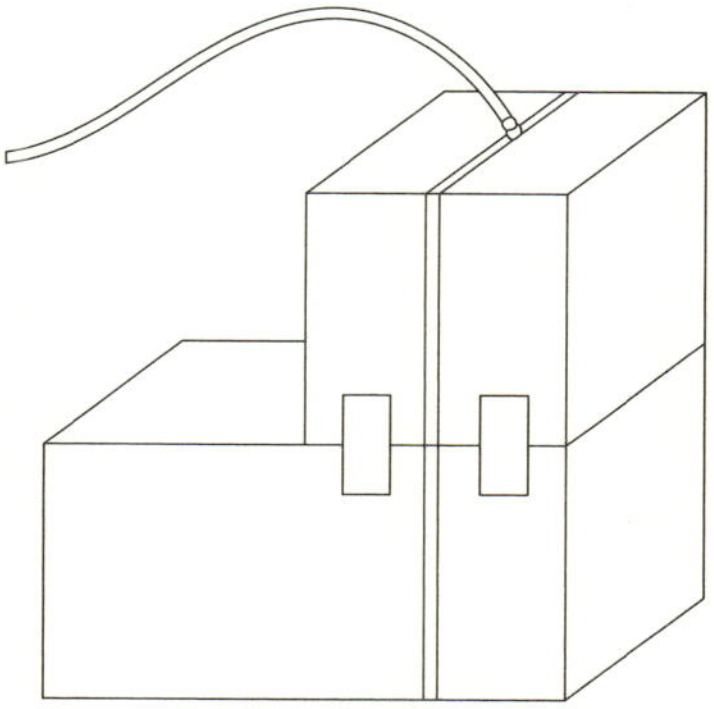
段ボールの踏み台

おかしいと思っていましたら、五日目、一日中パンダが鳴いています。それまでも時々はI家の塀の向こうまで来て鳴いていたのですが、この日は激しく鳴くのです。夜八時頃、外出先から帰ってくると、ギャーゴ、ギャーゴとせっぱ詰まった声が鳴り響いています。

とうとう見捨てておけなくなって、救出作戦を開始しました。

夫は段ボールの箱を二個、上図のように組み

合わせて、踏み台を作ります。そして、夜も更けて、人通りも少なくなり、I家も寝静まった頃を見計らって、「男がやると泥棒と間違えられるから」と言って、私にその踏み台をI家のベランダに下ろせと言うのです。

私はパンダ恋しさに玄関側からI家のベランダに身を乗り出して、その段ボールの踏み台を結んだ紐を持って、それを下ろします。急いで自分の家に駆け込みます。何しろ、門灯がこうこうとついている玄関で「泥棒もどき」の事をしているのですから。

二十分経つか経たない頃、ベランダを覗いた夫が叫びます。

「戻ってきた！　戻ってきた！　塀の上だ。早く、早く！　行って、うちのほうに追い込み、段ボールを回収して！」

私は玄関に飛び出しました。確かに清水家の塀の上にいます。パンダのお尻を押してやります。ベランダに飛び下ります。急いで段ボールに結んだ紐を引っ張り、回収します。そして「やれやれ！」。――ホッとしたのでした。

パンダは我が家に入って、牛乳をごくごく飲みました。おなかがすいていたのです。ところがです。話はそれで一件落着ではなかったのです。

パンダは久し振りに母トラのそばに擦り寄っていきます。すると、母トラはパンダに向かって、なんと「カーッ」と拒否して寄せ付けません。

ハナまでが、「ウーッ」とパンダを威嚇するのです。しかもハナは部屋のソファーの自分の居場所にパンダを乗せまいとして、怒ります。パンダは孤立して、何だか戸惑い、困っているように見えます。

私たちは、助けてあげたことがかえって悪かったかなとも思いました。

ここで、夫の解釈。

母トラはきっとパンダを見捨てたのだ。四日目まではおっぱいをやるとかしていたのを五日目で見捨てた。それで今日、パンダはずっと鳴いていたんだよ。母トラは一旦見捨てた以上、パンダを自分の子だと思っていないんじゃないかな。

私の不満。

しかしハナまでパンダに冷たくするとは何ごとぞ。

夫の見解。

五日間会わなかったので、ハナはパンダがわからなくなった。においが違っているということもあるかもね。


私たちはこうなったらもうパンダを貰ってくれる人を探してあげよう。そうでないとパンダが可哀想だとも思ったのでした。

ところがその夜、寝る前にベランダを覗くと、母トラがどこからか魚の切れ端をくわえてきて、パンダの前に置き、食べさせていたのです。

そこで夫の再解釈。

すると、母トラは、おっぱいを吸わせることは拒否して、とってきた食べ物を食べさせようとしていることになるね。乳離れさせようってわけだ。

私の感想。

母親として、それぞれの発達に応じて態度を変えるわけね。パンダについては乳離れするように、ハナはまだ幼いからおっぱいを飲ませるというように。

私たちは、この母トラの教育的な態度にいたく感心したのでした。ずるずると、べたべたとしてしまう、ある種の高等動物に比べて、なんと毅然としていることでしょうか！

ところがです。これは買いかぶりだったようで、三日ほど経つと、親子三匹じゃれ合い、母トラはパンダにもおっぱいを吸わせます。元の関係に戻ったのでした。するとあのパンダ帰還からしばらくの、そばに寄せ付けず威嚇はするが、食べ物はとって与えるというあの行動は一体何だったのでしょう！

夫の解釈。

「？」。答えは出ませんでした。

その後しばらく、パンダは決してI家には行きませんでした。

猫一家のこの頃

それから一月経った頃、猫一家がI家のベランダに下りて、さらにその向こうのほうまで遠征する姿を目撃しました。とうとう向こうに下りても、戻れるまでに成長したのです。これで冬越しも容易になりました。観察に行った夫によると、I家の向こうで、白樺の木に登ったりしていたそうです。


母トラには子猫に話し掛ける言葉があります。

「ミャ」と呼びに来る声。

「ミャ、ミャ、ミャ」と危険を知らせる声。

何かわからないけど、「ミャーオ、ミャーオ」と話し掛ける甘い声。


母トラは言うことを聞かないハナにお仕置きをしたりもします。

ハナはついつい我が家の中でも羽目を外して、居座り続け、平気で走り回ります。ある時、そうした行動をしているハナを見ていましたら、母トラは「もういい加減にしなさい、ここは敵地なのですよ」といわんばかりに、ハナの背中を前足でぎゅっと押さえて、「ウニャ」と一声、怒り声を出していました。

以来、うちでは、手を結んで手首にスナップをきかせて相手を軽く叩く仕草をしつつ「ウニャ」(「ウ」に強く高いアクセントあり)という、抗議のかたちが流行っています。

（左）オオトラ、（右）ハナ

母トラはなお言うことを聞かないと、ハナを置き去りにしてどこかに行ってしまいます。

　これをやられて、午後いっぱい孤独に過ごしたハナは、その晩は母トラにべったりついていました。その後も母に従うようになり、我々への警戒も怠りません。パンダも母の言うことには従います。

　子猫は動くものに興味を示して、遊びます。猫じゃらしはありませんが、いろいろなものが猫じゃらし代わりになります。ちょっとした棒でも、ボールでも、手の先でもいいのです。ちょこちょこと動かしていると、じっと見つめ、そろそろ近寄ってきて、ついには猫パンチに及びます。我慢できないみたい。自然に体が動いて近付いてしまうという感じです。警戒をしているはずの我々の近くにずいぶんと寄ってくるのです。こんな些細なことを観察して喜ぶ日々でした。

3　文智《モンチ》とパンダ

札幌の春は花がいっせいに咲くので美しいです。

関東と比べると一か月遅れの新緑の季節はいっせいに花が咲くのです。思わず「北海道にいらっしゃい」と声をかけたくなるほど花が満開。

リラの花もよい香りをはなち、タンポポ、チューリップ、ヤマシャクヤク、ツツジ、ドウダンツツジ、ムラサキヤシオ、我が家の庭にはハクサンチドリ、ノビネチドリ、キバナアツモリ、コアツモリ、エビネ、サルメンエビネ、スズムシソウ（以上はラン）、コマクサ、スミレ類などなど。

バードウオッチングの季節でもあります。

新緑の苫小牧の林道、私たちは「緑のトンネル」と呼ばれるところまでドライブするのですが、アカゲラが林の中で子育てのための巣を作っているのを見たこともありました。

パンダ

ハルゼミの声が山全体に響き、地面に座るとハルリンドウの小さな花が見えます。川べりにはクリンソウが咲いて新緑に映えて一段と美しいです。白樺の木肌が林をすっきりとまとめています。

子猫であったハナは、いつの間にか大人になり家の中で出産しました。名前を文智《モンチ》と名づけて家猫になり、人間にも慣れて私たちが抱ける猫になりました。

夜になるとハナはモンチを外に連れ出し、塀を乗り越える訓練をしています。ハナが子猫を訓練する行為は本能か、あるいはハナが母トラにしつけられたことを同じようにしていることなのかと、夫と疑問に思っています。

我が家の猫騒動もいろいろありました。ハナの兄弟、パンダは去勢手術後、行方知れずになり、文智もその後、行方知れずになりました。

パンダは家に慣れて、去勢手術後はとくに家猫らしい振る舞いになり、清水家の猫になりきれそうでした。ですが行方知れずとなりました。半年後になって、パンダは「猫たちをめぐる人間たちの悶着に巻き込まれ、数匹の猫とともに○○山に捨てられた」と教えてくれた人がいました。車ではそう遠くない所なので、捜しに行ったのですが……。山を下りて人里でどなたかの家で幸せでありますように。

結局、ハナと、オオトラが後に産んだコトラ（前項に出てきたコトラとは別です）の二匹になり、人との共存も何とかうまくいっているのでした。二匹とも相変わらず抱かれない猫、そばに行くと逃げるモードは元外猫らしく変わりません。だけどここは自分たちの家でした。シミズハナ、シミズコトラです。

4　文智、行方知れず——猫友との公開捜査

我が家（マンション一階）の庭先でノラ猫が出産をし、子猫とともに住みついたのがきっかけで、猫たちと付き合うようになって、丸三年が過ぎようとしています。いろいろな経験をしました。この一年ほどは、ハナ、コトラ、文智《モンチ》の三匹に落ち着いて、穏やかな日々であったのですが。

マンションには動物を飼ってはいけないというルールがあるので（実際には飼っている人が結構いる）、あくまでも「ノラ猫が我が家の庭で好きなようにしています」という建て前でやってきました。関東と違って北海道の冬は厳しいので、冬の間はどうしても家に入れてあげたくなります。それで家に自由に出入りできるようにと、手作りのキャットドアをつけました。おかげで汚れた足で家に入るのでお掃除が大変！

ハナ、コトラの名前（表記）を変えました。ハナは華《ハナ》、コトラは琴《コト》としました。

姉妹改めて清水華、清水琴となりました。家猫になったとはいえ人への警戒心が強く、琴は決して人に抱かれません。華は寝ぼけている時には抱くことができます。文智は華の息子で、家の中で生まれたので、私と夫にはよく抱かれます。甘えて、さまざまな要求をして可愛いのです。

五月二十九日、外に遊びに出たきり文智が帰ってきません。翌日丸一日帰りを待ったのですが、帰ってきませんでした。華や琴と違って、長時間外で遊ぶ猫ではないので、文智の身に何かが起こったに違いありません。一瞬頭を横切るのは「交通事故か?」……。周辺の道路をつぶさに調べ歩きました。それらしい様子はなく、交通事故などではないらしいです。

早速ポスターを作ります。ポスターを貼ることに夫は難色を示します。

「これじゃあ、いかにも清水さんの飼い猫とわかるよ~っ」

同じマンションに住むMさんはマンションの集会室で週二回、小学生のために習字教室を開いているのですが、文智がいなくなった日から二日後に、教室にポスターを貼ってくれました。子供たちは我が家の猫たちのことをよく知っていました。オオトラとその子猫たちが我が家に住んでいるらしいことも知っていました。

「うちのお父さんが見たって言っていたよ。先生のところへ言いに行ってこようよ」と会話しながら入ってくる声が聞こえてきます（我が家は玄関のすぐ横にあるので）。子供たちの何人かは家に帰って家族に話したらしいのです。母親たちが気遣って声をかけてくれます。

「うちの子も捜すって言っているんですよ」

そして子供たちからの子供らしい幾つかのニュースが入ります。残念ながら文智ではありませんでした。

夫との会話。

「文チャンどうしたと思う」

「何かアクシデントが起きたんだろ」

「何が起こったんだろうか？」

「いつも、いいのから先にやられるね」

「もうあきらめているみたいネー」

夫はかつて華の兄弟パンダをひいきにしていたのですが、前述したように去勢手術後十日目くらいに行方知れずになってしまいました。続いてよく懐いていた文智がいなくなったので、「いいのから先にやられる」とつぶやいたのです。

この後、夫とは平行線のように、

「もはや文智はいない」

「死んでいるにしても、その姿を見ないと……（死んだとは思いたくない）、もしかしたら困った状態で生きているかも……」

と考えが分かれ続けました。

品田さん（猫友だち）に連絡。「私も捜しましょう」と言ってくださいます。ポスターを貼った話をします。品田さんは九匹のノラを家に引き取っている人で、昨年そのうちの一匹、昭治君が家出し、二か月かかって捜し出した経験から、私のとは違ったポスターを作ってくださいました。

チラシも近隣のマンション一棟一棟のポストに入れます。もしやとつい期待してしまいます。

「文チャンの話、Iさんから聞いていますよ。私も気にかけていますよ。Kといいます」

品田さん、茂木さん、Iさんは猫を通して知りあった猫友だちで、彼らからも応援の言葉がかかります。今も良き友として付き合いが続いている田中緑さんとも知り合いました。

茂木さんは品田さんと同様、猫に詳しく、「猫って、飲まず食わずでも一か月くらいは生きていられるみたいよ。草なんか食べて水分は補給されるし」と。少し希望が出てきます。

最初は一週間が勝負と思っていましたが、一か月くらいを目途にしていいのだな、と焦りを消すことができました。

ポスターを見た人、チラシを見た人から電話が入ります。電話が入ると、スワッと飛び出していくのです。

茂木さんが勤め帰りに寄ってくださり、六丁目一帯を一緒に捜します。品田さんと二人のお嬢さんも、時間を割いて捜し、ポスターをコピーして持ってきては、猫の動き方を推察し、行動に移すきっかけを作ってくれます。

十日目、M町六丁目（我が家から二丁先）の方から電話があり、「二日ほど前に白黒の猫が駐車場を横切るのを見ましたよ。元気でいますよ。私も猫が好きでして」と情報とともに励ましの言葉をいただきました。

こうした電話が入ると、嬉しくなって、一日に何回でも捜し歩かなければ文智に会えないと、足を棒にして歩き回ったのでした（実際には棒にならずダイコンになったけど)。午後一回、夕方二回、夜一、二回と、絶えずあちらこちらと捜し歩きます。猫の動くであろう時間をめがけて、飛び出していきます。

私がときどき元気をなくすので、夫も「可哀想だ」と言い、「僕は文智はもうないものと思っている。この近くにいるなら必ず帰ってきていると思う。文智にとってはうちの寝室に居るのが一番安全なはずだから。でもあなたが捜すことで気がすむというなら、手伝うよ」と、忙しい仕事の合間に一緒に歩いてくれました。

品田さん、茂木さんと私は、文智の日常性や、マンション近辺のオス猫と文智の関わりの様子や、自分たちの猫経験と合わせて考えてみます。そして消去法のような形で捜し続けます。

雪解けの頃だったか、私たちがボストラと名付けたオス猫が、我が家のテラスに顔を出すようになりました。しかも猫用出入口から侵入してきては、スプレー行為をし、自分のテリトリーにしようとしているようでした。

いろいろ協議した結果、このボストラを病院で四、五日預かってもらうことにしました。もし、このボストラのせいで文智が家出をしたとすれば、この間に帰ってくるかもしれないからです。藁をもつかむ気持ちでやってみます。すでに三週間を過ぎようとしているので、当面一か月を目途にしていた私にとっては、タイム・リミットに近づいていたのです。しかし、ボストラが入院した五日間のあいだにも文智は帰ってはきませんでした。

二度、三度と、声をかけてくれたHさん（犬を飼っている）は、

「文チャン、見つかりましたか？　うちの隣のトラもいなくなったんですよ、誰かにやられたんではないですか」

と言います。

ここで道は途絶えたと感じましたが、一方、やるべきことはやりつくした、という思いにも達して、文智捜しの公開捜査は終わりにしようと決心しました。

猫友だちには「公開捜査はおしまいにしましょう。どうもありがとうございました。あとは私が……」と伝えました。

外猫を八匹家で世話している佐藤さんから、

「がんばってね。絶対帰ってくるから」

と、バラの花が届きます。その優しさが身に染みて嬉しい！

最後に、遠くに行ったのかもしれないという推理に対して、あまり具体的なことをしていなかったので、新聞広告を出してみます。すぐ反応があり写真が送られてきましたが、文智ではありませんでした。

猫友との会話の中で「これだけやっても、文智につながるニュースが入ってこないというのは、おかしいわね」「猫嫌いの人も結構たくさんいるしね」という話も出ました。

人の手によっての事故もないことはないと、見聞きしてはいますが、まさか文智が。文智は人の思惑の犠牲になったのかもしれない、と思ったりもします。

結局、文智の行方は猫友だちも加わって捜すこと一か月以上かけましたが、帰ってはきませんでした。これも、その最期をおしえてくださった方がおり、人の世のことで致し方がないと、あきらめるほかないのでした。

札幌の人々の優しさと、信頼関係が築けて嬉しいこと。ご自分の大切な時間を提供してくださったことなど、言葉を持たない動物たちを思いやって捜し続けてくださったことはいつまでたっても忘れられないことです。

第2章

イギリス生活とヘンリー

1　ケンブリッジの十か月——一九九〇年十月～一九九一年六月

イギリスはケンブリッジへ（日本に出した便りより）

いかがお過ごしですか。

札幌を立つ間際まで夫も私もバタバタ。出発の時刻を四時間半ほど遅らせてすべりこみセーフ。大雨の中をHさんご夫妻に車で千歳まで送っていただいて大助かりでした。雨のために東京への出発も一時間半遅れて、私たちらしい旅立ちです。

華、琴のために留守番の人が入ることになっていましたから、なんとか「飛ぶ鳥跡を濁さず」とがんばりましたが、大いに濁したまま東京に飛び立つことになりました。

品田さんのお嬢さん姉妹が一年間住んで、二匹の猫の世話をしてくださることになっていました。

十月一日、成田からＪＡＬ（日本航空）で飛び立ち、これで何とかイギリスにたどり着くかと思ったのもつかのま、四、五時間ほど飛んだ後「エンジン故障のため日本に戻る」との放送がありました。日本に戻るのに四、五時間かかり、その日は九時間飛行機の中で過ごすことになったわけです。ＪＡＬの計らいにより東京ディズニーランド近くのヒルトン・ホテル泊。リッチなスイート・ルームでしたが、リッチな気分を味わうゆとりもなく、コロン・グー。

翌二日、朝八時三十分にはホテルを出発。午後一時半のブリティッシュ・エアウェイズ直通ロンドン行きに乗れるよう夫が交渉し、希望通り乗ることができました。ＪＡＬのサーヴィスで、本来ならエコノミークラスのところを一ランク上の席となりました。少し楽な状態で私はよく眠りながら十三時間の飛行をクリアしましたが、ヒースローに着いたときには足がパンパンで、靴が履けなくなっていました。

夫も海外は初めてのことなので、自分の英語が通じるように絶えず気を配っていました。おかげでなんとか万事うまくいき、私は夫のそばで「のほほん」とさせてもらいました。アンバサダー・ヒースロー・ホテル姉妹店泊。イギリスに着いたとやっと実感できました。

十月三日、ヒースロー発ケンブリッジ直行のバスに二時間ほどゆられました。バスの中から見るイギリスの風景に言葉もなく、広々とした草原の所々に歴史を刻んだレンガの家と羊、牛たちがのんびり草を食《は》んでいる風景は安野光雅さんの絵とまったく同じでした。私は、疲れてときどき眠ってしまいますが、夫は精力的に何も見逃さない勢いで窓の外に目をやっておりました。

ケンブリッジは東京の十二月頃の気候で皆コートを着ておりました。我が家のあるCHATSWORTH（チャッツワース）はケンブリッジの中心（センターと呼ぶ）から約二・五キロほど。静かな町でどこの家も古いレンガ造りで三角屋根に煙突、白い木枠の窓、芝生の庭と、いかにも郊外の風情で、たちまち気に入ってしまいました。我が家は2LDKが四軒で一つの家となっているうちの一軒です。三十坪くらいの裏庭があって、私たちが自由に使える場所となっています。

翌日からさっそく夫と私は住民登録のために警察に行ったり、銀行で口座を開いたり、夫の所属するクレア・ホールに行くなどしながら、地図を片手にケンブリッジの街を歩きまわりました。もちろん双眼鏡とカメラを持参で。

最初の二日はただひたすら歩きまわり、昼も夜もお腹がすいてなにか食べたいと思うと、目に飛び込むのはサンドイッチでした。どのレストラン（?）もサンドイッチばかりで（選び方が悪かったのでしょうが）、イギリス流の味付けに飽きてしまい、三日目には調味料を買い込んで自分で料理を始めました。まだよくわかりませんが、肉も野菜も味が濃く、おいしいところをみますと、イギリスはほとんどが有機農法なのではないかなと思いもします。毎日肉ばかりの食事ですが、醤油とお米を買いましたので結構口にあったものを食べています。靴のままで生活することだけは耐えられず、スリッパに履きかえる日本式の生活をしています。(一九九〇年十月十日)

ケンブリッジの生活

一年足らずのケンブリッジの生活は瞬く間に過ぎてゆきます。

二組の若いご夫婦と私たち夫婦合わせて三組で気の合う友人関係を持ち、一緒に行動し、英語教室やイギリス人とのホームパーティや、日本人同士の食事会など、楽しく過ごす努力をしました。ヨークまでの一泊旅行は友情を深めました。我が家に泊まって帰国する友人夫妻のために「さよならパーティ」をすることは、私たち夫婦には意味の深いものでした。イギリス人に日本料理をふるまったり、夫の英語論文の指導をしてくださったリストさんファミリーとの付き合いをさせていただいたり、アパートの世話をしてくださったクレイトンさんの家に招かれて美味しいディナーをご馳走になったり、そしてブルークロスからもらってきたという猫にも会いました（ブルークロスは、ホームレスの猫を保護して、里親探しもしており、かかわる人々はボランティアさんです）。

我が家の周辺にもたくさんの猫がのんびりと過ごしております。近所の人に聞いて名前のわかったのはヘンリー（白黒）、シードー（白黒、白が強い）、チャーペター（まだら三毛）、そのほか名前のわからない猫四匹（黒三匹、ベージュとら一匹）、皆飼い猫です。イギリス式の食事のせいか、どの猫もどっしりと重く、つややかな毛並みでいかにもイギリス猫です。人から危害を加えられたことがないのか、おっとりおだやかで初対面の私にも皆近寄ってきては抱かれます。しあわせな猫ばかりでないことは、イギリスも日本も同じようですが、イギリスは動物愛護の国という旗印を掲げるだけのことはあるという印象をもちます。

野鳥の観察も続けています。日本では見られなかった鳥たちに出会えて喜んでいます。スターリング、ロビン、ブラックバード、ムーアヘンなど、古本屋で買ってきたバードウオッチングの本に照らし合わせて確認できました。

ケンブリッジのハーブ事情を教えてくださった方がいますので、近々行ってみたいと思っております。

こんなわけでホーム・シックになることもなく、長いことチャッツワースの住人であったような顔をして生活しています。（一九九一年春）

☆以下、猫以外のことで、ケンブリッジで感じたことを日本の友人に書き送った手紙を二通だけ引用しておきます。

イギリス生活①　天気予報、鳥、狂牛（一九九一年一月）

日本は暖冬、イギリスは大寒波との報には、地球の異変を思わせるような感がありますが、「イギリス大寒波」は私たちにとっては「?」というのが実感。

確かに雪は降りましたが、札幌の三月下旬、東京の二月の雪のようでした。気温は東京と比べれば「低い」、札幌と比べれば「高い」。ケンブリッジは風の強いところと聞いていますが、私たちもこれには同感です。

十一月に入ってからは、ほとんどwindyとcloudyの日々。週に一、二度青空が見えるときがありますが、長続きしません。ＴＶの天気予報もなくてよいと思うほどです。ただ、TV画面のアニメーション風なディスプレイはとてもおもしろくて、ここは日本のTV局も見習ってはどうかと話していたのですが、イギリスの変化に乏しいお天気を番組にするには、これくらいのおもしろみをつけないとやっていけないなあ、と妙に納得するようになりました。

そんな暗い冬の天気にもめげず、人々は活動的に過ごしています。庭の緑の芝生と、鳥たちのさえずりに元気づけられて過ごしているともいえましょう。

私のバードウオッチングも、たれこめた雲の下ではかたちを変えざるを得ず、餌の少なくなった鳥たちのために、パン屑や野鳥用の餌、肉の脂身などを家の周りにまいて、集まる鳥たちを眺めて楽しむようになりました。

庭に餌台を置いている人もいますが、芝生に餌をまいている人も大勢います。青空市場に行きますと、野鳥の餌が売られていて買い手が行列（「キュー」という）することもあります。私も「えたり！」とばかり真似をして二〇ペンス（当時は六十円くらい）で餌を買っては喜んでいます。

猫たちも元気です。シードー、ヘンリーは集まってくる鳥たちを狙ってものかげにひそみ、狙いをつけて襲いかかりますが、鳥たちも敵を知っていて、餌をつつくときにも周囲の気配に敏感です。おっとりした猫たちの狙いはまず失敗に終わります。

イギリスの政治・経済、イギリス病と言われていることの、本当のところはまだよくわかりません。いろいろ問題があることは、折にふれて話題になります。

サッチャーさんからメジャーさんへの政権交代劇や国会討論の様子など、ＴＶで観ましたが、ディスカッションをちゃんとするところは「さすが」と思わせられます。

その失脚のひとつのきっかけとなった人頭税を、私たちもしっかり納めさせられ、他にテレビのライセンス料も払わねばならず、物価高も日本に負けず劣らずで、厳しいものがあります。

ＢＢＣで近頃日曜夜連続シリーズで放送された「NIPPON」という番組へのイギリス人の反応、日本人の反応がそれぞれにあって、これも話し出せばきりのないことになりそうです。私はイギリスにとってなぜ今日本なのか？　というところが興味のあるところでした。

十一月に戦没者追悼記念日というのがあって、盛大な式典が催され、女王をはじめ、陸海空軍の代表、退役軍人、遺族が参列していましたが、それが結局イギリス国教会の礼拝を中心としたもので、これこそ政教一致というものではないか、と我が家の話題になりました。殊にその翌日ぐらいが大嘗祭で、その様子が放映され「日本のなんとかナショナリズム」といった批判的なコメントがされたものですから、夫はすかさず「そりゃあ僕も大嘗祭には思うところがあるけどね、『おまえらそんなこと言えた義理かよ』と言いたくなるよな」と不満顔でした。

食べ物に関しても、怪しげな病気のおそれがあるとかで牛が食べられない、羊・豚も危ないとか、鶏卵にサルモネラ菌がついているという騒ぎとか、カリフォルニア米にも変な農薬が使われていたとか、また日用品ではこちらのラップからPCB（ポリ塩化ビフェニル）が検出されたとか。我が家も十月下旬から牛肉はまったく食べておらず、牛乳は必ず熱し、チーズもイギリス以外のものを食べる、卵も必ず火を通す等しています。私の回りの日本人も皆同じようにしています。

話題に事欠かない日々で、一長一短のケンブリッジ・ライフを、あるがままに受けとめて、暮らしております。

短期滞在研究者支援協会（Society for Visiting Scholars）主催の英語教室に週一回通っておりますが、おかげさまで日本人の友だちができ、時々おしゃべりで発散したり、情報交換したりします。パーティをしたり、夫たちも同伴でパブのハシゴをしたり、と元気でやっています。

皆様あけましておめでとうございます
本年もよろしくお願い申し上げます
元旦は休日で、二日から大学等の研究活動は始まりました。はぜの甘露煮やお多福豆、お屠蘇の素やお酒等が日本からの知人のおみやげにありましたので、黒豆を煮、なますやお煮しめをつくって、日本流お正月をやりました。

このところ青空の出る日が続き、大寒に入るとこうなるのかしらと思ったのも束の間、強風と嵐のような日もあって（西の方では相当の被害があったようです）、何やらよくわからない天候です。風の強い日が続いて、鳥たちには気の毒なお天気と思います。ロビン（コマドリ）やスターリング（ムクドリの一種）、ブラック・バード（クロウタドリ）、スパロウ（スズメ）たちにパン屑をまいてやりながら「元気でいろよ」と声をかけます。
私の体も、こうした気候には思わずたじたじとなりますが、「あと五か月しかない」と気持ちははやり、残る日々をなんとか有効にと思っています。

イギリス生活② ＮＨＫ・ＴＶのこと（一九九一年八月）

お元気ですか。

六月末に帰国して、早くも一か月経ってしまいました。このひと月は夫も私もほとんど休む間もなく過ごし、今日は久しぶりに二人とものんびりした気分に浸りながらの週末です。

夫はイギリスに行く前と同じ調子で仕事が始まり、相も変わらず原稿の締め切りを気にしながらの生活のスタート。荷物の後片づけ、家のことに関わる始末（琴、華のことも含めて）、帰国の挨拶、等々。すっかり、ケンブリッジ・ヨーロッパは遠いところだったと感じるような、〝忙しい日本人〟をやってしまいました。

突然テレビの話で恐縮です。ごらんになりました？　ＮＨＫ・ＴＶの夜十時から五十分間の番組、八月五日から四日間連続で「ニッポン・欧米人のみた日本の戦後（１）」というタイトル。イギリスＢＢＣとアメリカ某放送局の共同制作によるもので、敗戦、壊滅した日本、アメリカ軍の進駐。アメリカの援助を受けながら復興をとげ、経済を立て直し、カメラや自動車、人手の代わりのロボットの技術など、アメリカやイギリスから学びとり、それらを独自なものとして作り上げ、市場を国内から海外へと広げ、今や経済大国として成長した日本。きびしい受験戦争によって育て上げられた、しかしなんとなく人間的にどうかなと心配な人材を育てた、等々の内容のものです。

これは八回連続で作られていますが、今回四回分を放送したのです。実は私たちがケンブリッジに滞在していた、昨年の十一月から十二月にかけて日曜日の夜八時、ゴールデンタイムに連続で放送したのと同じものなのです。その描き出す日本の姿は良きにつけ悪しきにつけ、当地の人々の注目するところとなったようでした。

夫は属していたクレア・ホールで昼食時などにこの番組について感想を求められることがあって、そのときは「よく出来ていると思うし、事実だ」とまずは答えたそうですが……。しかしある企業から留学生としてきているK氏は「日本の企業のすべてが放送された姿だとは限らない」と強調し、自分のところでは朝礼とか作業服のような制服などないと、かなり「怒り」に近い気持ちを抱きながら、応対をしたようです。

日本人同士が集まる席でもしばしば話題になり、外国人に対して誤解が生じる部分が多いとして、ＢＢＣを非難する声もあがりました。

私には英語の部分はよくわかりませんでしたが、何故今イギリスにとってJAPANなのか？　ということが、大変な興味となったのでした。

この番組を改めて日本語で見ることができたのは幸いでした。やはり外国人の生活の中で日本を紹介されるような形で見るのと、日本の地でただの日本人として気楽に見るのとでは、気分の差はとても大きいように思います。最初の感想としては「やっぱりよく作られている番組だ」という点では、私と夫の意見は一致でした。

でも私は、イギリスの英語解説はもう少し日本に対して皮肉な言い回しが多かったのでないか？　と言ってしまって、ハッと手を口に当て、夫はすかさず「ワッハッハ」。私の英語力を知っているための笑いです。

2　ヘンリーをめぐる手紙
——RSPCA（王立動物虐待防止協会）にかかわって

〈手紙0〉ある友人へ　30 April 1991

ケンブリッジはすっかり春です。郊外に出ると黄色い菜の花畑が広がっています。場所によっては見渡す限り真っ黄色のところもあって、それまでは「どこも同じ緑の草地だ」と思っていたのが、その何割かは菜の花だったのでした。

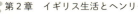

ケンブリッジにいるのもあと一月あまりとなってしまいました。夫は「春になったら大いに旅行をすることにして、その前にやるべきことをやる」と言っていたのですが、いまだその「やるべきこと」が片づかないようで、この分だとまたいつもの彼のペースで、ぎりぎりになってあわてて、旅行も、帰国準備も、そしてお世話になった人の最後の招待も、いっぺんにやる羽目になりそうです。

近頃気がかりなのは猫のヘンリー（Henry）のこと。この前あなたがいらした時よ

ヘンリー

り、さらに一段とヘンリーは我が家チャッツワース・アヴェニューA番の一員となりきってるんです。私たちがいなくなったら彼はどうなるのでしょうか。ヘンリーの首輪には「チャッツワースB番ヘンリー」と書いた紙の入った金属の筒がぶらさがっています。このオーナーは明らかにヘンリーを見捨てているとはいえ、私たちがヘンリーを勝手に連れて行くわけにもいかないし。

ヘンリーはハンサムなだけでなく、賢い猫です。私にとてもなついてしまって、この前なんか寝ている私の顔に自分の顔を寄せてきてスリスリさせながら、思わず私の鼻を軽く噛んだこともありました。軽く軽くです。ヘンリーはふだんはほとんど鳴きません。外に出たい時はカーペットをひっかくか、玄関に座るかします。知らない人が訪れると一目散にベッドルームに逃げ込みます。朝は鳥たちが起きる時間に必ず外に出たいと合図します。……なんてすぐヘンリーの話になってしまいますね。

こういうわけでヘンリーのことを解決しなければなりません。さしあたって来週末には一泊旅行（サリー州のオッカム村に行くと夫は言っています）の予定があって、さてこの日はヘンリーをどうしようと考えているところです。ヘンリーの首に「誰か泊めてくれないか」という短い手紙を付けて、ヘンリーの新しい保護者を見つける第一歩としようか、などと思案しているところです。ではまた。

〈手紙1〉《旅行で家をあけるため、ヘンリーの首輪に付けた手紙》12 May 1991

ぼくには今日は食べるもの、休む場所がないんだ。

どこで食べ物をもらい、どこで寝たらいいんだろう?

〈手紙2〉《旅行から帰ってみるとヘンリーの首輪に付いていた手紙》13 May 1991

ハロー、お母さん、お父さん！　ぼくは休むところ、寝るところをみつけたよ。

ぼくは大丈夫！

(Hello Mamm & Daddy, I found somewhere Rest & Sleep. O.K.)

〈手紙3〉《ヘンリーの首輪に付けて再び出した手紙》14 May 1991
おもてなしありがとう！　ぼくの保護者たちもあなたのご親切に感謝していますよ。
(ぼくは確かに彼らをママ、ダディと呼んではおりますが、彼らは私のオーナーではないんです。)

〈手紙4〉《ヘンリーの首輪に付けた手紙：返事はなかった》16 May 1991
ぼくには今日夜遅くまでいつもの休む場所がありません。
どうぞ、ぼくに休んだり寝たりする場所を提供してください！

〈手紙5〉from D. W., 24 May 1991
どうぞ、ヘンリーに食べ物をあげないでください。
彼にはチャッツワース・アヴェニューB番によい家があります。もしあなたが彼に食べ物をあげなければ、彼は家に戻ってきます。彼は私の娘の猫です。
私たちは彼がよそで食べ物をもらうことや、よその家で寝ることを好みません。

どうぞよろしく！

D・W

〈手紙6〉to D. W., 25 May 1991

D・W様、

お手紙ありがとうございます。

私たちはあなたがヘンリーの世話をすることについて前向きの姿勢でいらっしゃることを聞いて、とても嬉しく思います。ヘンリーは賢くて可愛い猫です。ヘンリーは近所のたくさんの人々に愛されています。

ところで、あなたの家からヘンリーを切り離すようにしたのは私たちではないということを、あなたに知っていただきたく思います。

たしかに私たちはヘンリーの世話をしはじめました。それはヘンリーがホームレス・キャットのように生きていることに気付いたからです。

ヘンリーが最初に私たちの家を訪ねてきたのは、とても寒い冬の夜のことでした。私たちはヘンリーを泊めることをためらいました。というのはヘンリーのオーナーがあなたがたであることを知っていたからです。

私たちはヘンリーをチャッツワースB番の玄関に連れて行きました。そこに彼をおきました。しかし、ヘンリーが家に入るすべはないように思われたのです。そしてヘンリーは私たちを追いかけて、私たちの家まで来てしまいました。こういう場合にどうすべきだったというのでしょうか？

その後ヘンリーの観察をしはじめました。そして、ヘンリーが近所の人々に食べ物をもらっていることを見いだしました。少なくとも三、四軒の家に彼がいるのを見たのです。しかし私たちはオーナーが彼を世話している形跡を見いだすことはできませんでした。

この観察の後、私たちは時々彼に食べ物をあげはじめたのです。

あなたにヘンリーの世話をするつもりがあるとわかった今、私たちはヘンリーがあなたの家に戻るように、喜んでお手伝いいたしましょう。それでももし彼が夜私たちの家を訪ねてきましたら、あなたの家にヘンリーを連れて行くのがよいと思うのです。

私たちがそうすることはお気に召さないでしょうか？

私たちはただヘンリーの幸福を望んでいるだけなのです。

謹んで、

テツロウ&ヤチヨ

P・S　私たちはこれまでもあなたのお気持ちをうかがおうと何度も思いました。しかしイギリス流の仕方を知らないのでためらったのです。殊に、あるイギリス人に、「直接訪ねるようなことはするな」と助言されたものですから。

そういうわけであなたのほうからご連絡くださったことをなおさら感謝します。

〈手紙7〉to the Owner of Theodore, 25 May 1991

親愛なるシードーの飼い主様、

私たちはかつてお宅の玄関先にうかがって、ヘンリーのことをおたずねしたものです。

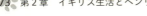

さて、私たちはこの六月六日にケンブリッジを去らねばなりません。また私たちはこれから一週間の旅行に行こうとしています。そこで、あなたに私たちが経験したことをお伝えし、かつヘンリーを助けてくださるようにお願いするものです。

ヘンリーについてはあなたのほうがよくご存知だと、また私たちが口出しすることではないと、お思いになるかもしれません。しかし私たちは彼のことがとても心配なので、あなたに次のことをお話しせざるを得ないのです。ヘンリーが私たちの家を訪れるようになったのは、この冬のもっとも寒い日々のある夜のことでした。

飼い主が食べ物をやっておらず、また休んだり寝たりする場所を提供していないことを知って、私たちは食べ物をやり始めました（常時というわけではありませんが）。そこでこのところ私たちはヘンリーの幸福のために道を見つけてやろうと努めてきたのです。

この過程で誰かが飼い主に私たちがヘンリーに食べ物をやっていると伝えたのでしょうか、飼い主から次のような手紙がきました。

（文、省略。手紙5を参照のこと）

そこで私たちは次のように返事しました。

（文、省略。手紙6を参照のこと）

このように返事をするにはしましたが、私たちはこの飼い主を信じられません。彼らはヘンリーのことを心配しているようには見えないからです。つまり、ヘンリーに帰ってこさせようとする積極的な姿勢がありません。

このようなわけで私たちはあなたがご親切にもヘンリーを助けてくださるようにお願いするのです。というのも近々彼は食べ物と居場所を失うことになるので、今まで以上にあなたのご好意に依存するようになるでしょうから。

またRSPCA（王立動物虐待防止協会）がこの件を調査することになりましたら、ヘンリーの側にたって、お考えを調査員に語っていただきたいのです。

このようなことをあなたにお願いする権利はなく、またそのようなことができる立場でもないことを知っております。しかしながら、どうか私たちの不躾な申し出をお許しください。私たちは言わないでいられないのです。なぜなら私たちはこの小さな可愛い生き物に対して責任があると考えるからです。

ご多幸を願いつつ

テツロウ&ヤチヨ・シミズ

〈手紙8〉from P. M., 31 May 1991（一週間のウェールズ、スコットランド旅行から帰ってみると［六月一日］届いていた）

親愛なるテツロウ&ヤチヨ様

ヘンリーをご心配のお手紙ありがとうございました。私もヘンリーへの心配をあなたがたと分かち合うものです。

この状況はとても難しいものです。七週間前、私はD・Wさんとヘンリーのことについて話しました。そのとき彼女は自分もシードーのと同様のキャット・フラップ

（電磁錠付きの）をヘンリーのために付けることに決めたと言いました。その後私は彼女がどうするか見守ってきました。

——何もしません！

ヘンリーは相変わらず折々に私のところにきます。私は今後もヘンリーのことに注意を払い続けるつもりです。ヘンリーも困った時にはどこに行ったらよいかを知っているのです。

目下の状況はとてもデリケートなもので、注意深く扱うことが必要です。D・Wさんと気まずい関係にならずに、満足できる方法を考え続けています。

RSPCAへのアプローチも考え続けてきました。

でも、あなたがたはどうぞ余り心配しすぎて、せっかくの休日を駄目になさらないように。

ヘンリーはシードーのベスト・フレンドです。ですから、私はヘンリーがいかに面倒を見てもらえるか特別な関心を持っています。

ご多幸を願いつつ

P・M

〈手紙9〉to P. M., 6 June 1991

親愛なるＰ・Ｍ様、

ご親切なお手紙をありがとうございました。私たちはあなたのヘンリーに対する親愛のお気持ちをうかがい喜んでおります。私たちはあなたが、事を注意深く運ばねばならないとおっしゃるのは、その通りだと思います。

私たちは今日ケンブリッジを発とうとしています。日本に帰らねばなりません。札幌の我が家には二匹の元宿無し猫が私たちの帰りを待っています（今は私たちの友人のお嬢さんが面倒を見ています）。

二、三年のうちにもう一度当地に来たいと思っています。

私たちはシードーも好きです。彼は時折私たちの家庭を訪問しますが、数分から十分ほどで出ていきます。彼の写真をプレゼントとして同封します。そのうちの一つはとてもコミカルだと思いませんか？

謹んで、

テツロウ＆ヤチヨ

〈手紙10〉 to RSPCA, 6 June 1991

親愛なるRSPCA（Royal Society for the Prevention of Cruelty to Animals［王立動物虐待防止協会］）御中、

私たちは昨年の十月以来ケンブリッジに住んでいます。

しかしもう日本に戻らなければならず、今日ここを発ちます。

そこで私たちはある一匹の猫に心を配ってくださるように、貴会のご好意に訴えたいのです。その名前はヘンリーといい、ケンブリッジのチャッツワース・アヴェニュー辺りに住んでいます。

といいますのも、ヘンリーには飼い主がいるとはいえ（チャッツワースB番の居住者が飼い主であると称しています）、残念ながら彼らはヘンリーを無視《ネグレクト》している（面倒を見ていない）のではないかと思うのです。それで私たちはヘンリーの今後の幸福について心配しております。

なぜ私たちがヘンリーのことに関心をもつのか、お話しさせてください。

私たちは日本でホームレス・キャットに関わって参りました。それでイギリスの猫や他の動物たちにも興味があったのです。私たちは近所の何匹かの猫と知り合いになりました。ヘンリーはその中の一匹です。彼は次第に私たちと友好的になりました。

ときたま我が家を訪ねてきました。もっとも長いこと留まりはしませんでしたが。

この冬のもっとも寒い日々のある日のことでした。ヘンリーは夜遅くに訪ねてきたのです。この時は彼はいつまでも出ていこうとはせずに、寝はじめたのです。私たちは彼を居させることをためらいました。なぜなら彼にはオーナーがいることを知っていたからです。そこで私たちはオーナーの玄関先に彼を連れて行きました。しかしそこには彼のための入り口はないようでした。ヘンリーは私たちのあとを追いかけて、私たちの家まで来てしまいました。彼のことを可哀想だと思わざるをえませんでした。それでヘンリーが一晩泊まることを許しました。

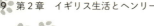

この後、私たちはヘンリーを観察しはじめました。彼がオーナーに世話されているかどうかを調べました。しかしオーナーが世話をしている様子はまったくありませんでした。そして、近隣の二、三軒の窓際にヘンリーが座っているのを見ました。そういったことから、ヘンリーは食べ物を何軒かの人々にもらっているのであって、オーナーにではないと結論しました。

こうしてヘンリーの他の友人たちにならって、私たちも食べ物を与え始めたのです。またオーナーがヘンリーのことをどう思っているのかいぶかりながら、彼が好きなだけ私たちの家に居させることになりました。ヘンリーは次第により多く私たちに依存するようになったのです。

さて私たちはケンブリッジを離れなければならないので、最近になってヘンリーの幸福のための道を探し始めました。私たちはヘンリーを日本に連れていく権利をもってもいませんし、ヘンリーにしてもここに住むほうが幸福でもあるのですから。

こうしているうちにヘンリーのオーナーからの次のような手紙が玄関に投げ込まれました。

(文、省略。手紙5を参照のこと)

私たちは早速次のように返事をしました。

(文、省略。手紙6を参照のこと)

「あなたにヘンリーの世話をするつもりがあると知って喜んでいる」と返事をしましたが、私たちは彼女を信じることはできません。オーナーはその後もヘンリーのために何もしていないのですから。彼女はひょっとしたら「いつでもヘンリーが帰ってくるのを待っている」と言うかもしれません。しかしヘンリーが戻るすべはないのです。それともヘンリーがオーナーの家の玄関先で、オーナーが偶然出てくるまで、長い間じっと待っていたら、家に帰ってきたと認めるというのでしょうか。それはこのような状態の猫にとってはとても無理なことでしょう。

こういうわけで、彼女はオーナーだと主張しておりますが、私たちの見るところでは、実はヘンリーを無視《ネグレクト》しており、面倒を見るつもりはありません。

さらにオーナーには赤ちゃんがいます。

これらの理由により、私たちは貴会にこのケースを検討されるようお願い申し上げるのです。

私たちはヘンリーの今後の幸福をとても心配しています。

カリスブルックC番の婦人はシードーというもう一匹の猫のオーナーです。シードーはヘンリーの友だちです。彼女もまたヘンリーのことを心配しているかもしれません。そして時々食べ物をあげているかもしれません。彼女はシードーの良き飼い主であり、ヘンリーにもフレンドリーです。それゆえ貴会は彼女からインフォメーションを得ることができるでしょう。またカリスブルックD番の窓辺でたびたびヘンリーを見てもいます。

貴会は私たちよりもはるかに多く、こうしたケースの扱い方をご存知かと思います。ただ次のことだけを付け加えておきます。チャッツワース・アヴェニューの近隣で新しいオーナーの保護のもとに生活を続けることができたら、それがヘンリーにとってもっとも幸福なことでしょう、と。ここには猫を愛する人がたくさんいるのです。

どうぞこの貧しい英語の文章をお許しください。私たちがこれを書きましたのは、ただヘンリーの幸福を願ってのことなのです。

謹んで、

テツロウ&ヤチヨ・シミズ

〈手紙11〉to Y Carisbrooke, C June 1991

親愛なる居住者殿、

この手紙は、ヘンリーと呼ばれる猫に特別な関心を払っていただくようにお願いするために書くものです。

ヘンリーというのは黒白の猫で、首にブルーのメタルを付けています。たぶんあなたは彼をご存知でしょう。といいますのは、私たちは彼がお宅の玄関先でくつろいでいるのを見かけたことがあるからです。あなたは猫がお好きだろうと思うのです。

なぜこういうお願いをするかといいますと、ヘンリーは彼のオーナーに見捨てられていると思われるからであり、また私たちはこれまで彼の保護者役をつとめてきたからです。ところが、私たちは当地を今日去ることになりましたので、今後のヘンリーの幸福を心配しているのです。

こういうわけで、私たちはあなたのご親切におすがりするものです。ヘンリーの友として、彼の面倒をみてやっていただけませんか？

謹んで、

T＆Yシミズ

〈手紙12〉from RSPCA, 27 June 1991

拝啓 清水ご夫妻様、
六月六日付のお手紙ありがとうございました。
私たちの調査員の一人がチャッツワースB番を訪問し、ヘンリーを見てきました。訪問時にはヘンリーはよくなじんでおり、良い状態でありまして、RSPCAとしてはその幸福について、なんら心配の必要を感じませんでした。チャッツワースB番の居住者はそのオーナーであることを主張し、かつそうあり続けたいとしていることも確認しました。そこで、ペットを飼おうとする人は、充実した幸福な生活のために必要な設備を整えなければならないことを説明もいたしました。
この件に私たちの注意を向けてくださり、また動物たちの幸福に関心を寄せてくださっていることを感謝します。

敬具

地区マネージャーP・J・ファーラー

〈手紙13〉ケンブリッジに滞在している友人美穂さんから、4 August 1991
この手紙の内容は次の手紙14に書いてあるので略。

〈手紙14〉to RSPCA, 12 August 1991
拝啓　ファーラー様、
六月二十七日付のお手紙ありがとうございました。
早速の調査とお返事をありがとうございます。
私たちは日本に帰り着いて、お手紙を拝見し（七月五日）、ヘンリーはよくなじんでいて、幸福に見え、RSPCAはヘンリーの幸福についてなんら心配する点を見いださなかったとの報告をいただいたわけです。このお返事によって私たちは一応喜びました。とはいえ、私たちはオーナーが本当のことを言ったのかどうか疑いを禁じえませんでした。というのは彼女は以前から何回もオーナーであることを主張してきましたが、それにふさわしい行動はなんらなされてこなかったからです。

八月の初めにケンブリッジに滞在している友人からの手紙を受け取りました。彼女もヘンリーの幸福に関心を寄せるひとりなのですが、その手紙はヘンリー問題の解決を知らせるものだったのです。それによると、カリスブルックC番の居住者が、前オーナー（チャッツワースB番）の同意を得て、ヘンリーの新しいオーナーになったということです。つまりヘンリーは新しい首輪と電磁キャット・フラップの鍵、それにメダルと短い手紙（これにオーナーが新しくなった旨が記されている）を付けているというのです。

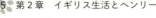

私たちはこの新しいオーナーもまたかねてよりヘンリーの幸福について憂慮していたことを知っていますし、またヘンリーはこの新しい飼い主のもとで幸福に生きられると確信します。貴会の調査活動が何らかの仕方でこの交代のきっかけとなったと想像します。そこで私たちはヘンリーのための援助について貴会に深く感謝するものです。

私たちは目下、以前はホームレスであった二匹の猫の面倒を見ております。かねてよりホームレス・キャットに関心を寄せて参りました。ペットを捨てたり、放置したりする人がたくさんいます。しかし、日本にはRSPCAのような権威ある組織はありません。それで私たちは貴会の活動に特別な興味を持つのです。貴会とのコンタクトを喜んでいます。

敬具

T&Yシミズ

〈手紙15〉from P. M., 4 August 1991

親愛なるテツロウ&ヤチヨ様、

すてきなシードーの写真をありがとう。私の友だちみんなに素晴らしいと褒められました。

お返事が遅れたことをおわびします。なにしろ学校の仕事がたくさんあったものですから、手紙を書くことは後回しになってしまいました。しかし、今私はチャンネル諸島の賑やかなサーク島で休暇を楽しんでいます。この平和でのんきな島を訪れるのはこれで四回目になります。この島はシードーが一九八九年四月に生まれたところでもあるのです。

さてヘンリーのことですが、……彼は今や新しい首輪にシードーと同じような丸い認識票――私の名前と住所が書いてある――をつけ、さらに我が家の電磁キャット・フラップ用の「鍵」をつけています。彼がこういったことすべてが意味することを評価するまでには結構時間がかかりそうに見えます。来週家に帰ったら、私は毎日彼を捜さなければならないでしょう——ヘンリーが自分はシードーと私と一緒に住むようになったのだとわかるまで。このことをシードーが喜ぶとはかぎりませんが、でも彼には遊び友だちが必要なのです。——私の靴の代わりにね！

ヘンリーにとってのこうした環境の変化の理由は、彼の前オーナーにとっては幸福なものではありませんでした。残念なことですが、M・Wは三、四週間前に、その妻のもとを去ることを決心しました。彼が家を出るちょうどその日にRSPCAから手紙が着いたのです。これはまあ不運といえるでしょう。それで彼女の隣の家の人がRSPCAに電話をかけて事情を説明したのでした。こういうわけで、私がヘンリーの飼い主となるという決定はごく最近なされたことなのです。

ところで昨年私はイーリー市猫愛護連盟の写真大会に写真を送ったのですが、シードーはいくつかの賞をとれたんですよ。

よく遊んでいるで賞で、二等、

おもしろい猫で賞では、四等、

ヘンリーと一緒のところは、五等、

自分の猫にしたいニャンで賞で、六等

シードー（左）とヘンリー（右）

でした。

今年はもっとたくさんの写真を送ろうと思っています。あなたからいただいたのも含めてね（上の写真）――私がそうすることがお嫌でなければよいのですが。もし彼が賞を獲得しましたらお知らせします。

あなたがたはさぞ楽しい旅をなさったことでしょうね。すべてが期待なさった通りだったといいのですが。

ご多幸を願いつつ

P・Mより

シードーとヘンリーも「ニャン」とご挨拶しています。

第3章 家族になった猫たち

1　ヒマラヤンのマリア（生後一か月）が来た――札幌での生活
～一九九二年二月

振り返ってみますと、夫に札幌での仕事の誘いがあり、それぞれが自分の仕事を続けたくて夫は単身札幌に転居（一九八〇年八月）、私は東京で、夫の実家母屋続きの自分たちの住居に残り、東京都M区立の幼稚園の主任教諭として仕事を続けました。

一九八六年に仕事をやめて東京から札幌に転居。夫と合流して、北国での生活が始まりました。私は初めての地方の生活で興味津々。札幌やその郊外の自然の美しさに精神の安らぎを感じました。夫は仕事に意欲的で、北国に溶け込んでいます。

私は札幌に移る前に、甲状腺ガンの手術を六回も受けていたので、引き続き病気の経過観察は必要でした。夫の親友のつてで札幌の東札幌病院を紹介され転院し、お世話になることになったのです。他の患者さんと同じく「まずは検査を」ということで大学病院を紹介され、転移が見つかり、入院……と一波乱あったのでした。

このような経過のなか、夫が東札幌病院の倫理セミナーで講師をするようになった

マリア（真ん中）

こともあり、同病院の看護部長石垣博美・靖子さんご夫妻と家族ぐるみのお付き合いをするようになりました。ご主人と夫も学部は違いますが、同じ大学の教員であったので、なお親密なお付き合いとなったのでした。

病院生活は四か月に及び、翌年一九八七年三月二十四日に退院、自宅での療養生活に入りました。そうしてマンションのベランダで猫たちと出会って「猫との生活が始まった」わけです

我が家の猫生活を見たり聞いたりしていた友人石垣夫妻はなんとペットショップで目が合ったといってヒマラヤンの猫

サンタ（♂）をまず飼い始め、一匹では可哀想とルチア（♀）も飼うことになり、「可愛い～！　可愛い～！」と家族が増えたことを喜んでいました（これはケンブリッジ滞在中、日本からの便りにあったこと）。そのうち子猫三匹（クレオ、パトラ、マリア）が生まれ、その一匹を我が家にプレゼントしてくださったのです。生後一か月少しの小さな命が清水家に来ました。マリアと名づけられて先住の猫、華と琴と一緒に家族として暮らしはじめました。

小さかった命は、華、琴の関心事となり、特に琴は遊び相手になり、自分の子供のように可愛がってくれました。華は「愛情をとられたおねーさん猫」の気持ちになったのか、マリアが近づくと猫パンチやら、くるっとうしろ向きで逃げ出すやら……。マリアはキョトン！

マンションでの最初の友人は猫好きの悦子さんでした。マリアは悦子さん宅に泊まることもでき、家を空ける時のペットシッターも快く引き受けてくださいました。

猫がきっかけで、三十年の長きお付き合いで、彼女は野鳥の会にも入っていて、私にとっては「野鳥図鑑」でした。

あまりの可愛さ（美人さんでもあって）にマリアの実家夫妻は「あげるんじゃなかった～」とはおっしゃいませんでしたが、私たち夫妻はこの点は申し訳ない気持ちでいました。

2　三匹の猫とのお引っ越し——札幌から仙台へ

札幌で保護した猫との暮らしは札幌、仙台を通して、華が十九年一か月、琴は二十三年六か月、石垣家から娘入り（？）したマリアは十八年四か月と長きにわたり、「家族」としてともに清水家の歩みの中にいました。

札幌から仙台への転居の折には、三匹の猫の搬送は大変なことでした。夫は職場の人と別れを惜しむ間もなくの「猫のお引っ越し」が中心でした。華、琴、マリアをゲージに入れて移動するわけですが、華と琴は人には抱かれない猫で、私たち家族にも抱かれないのですから、ゲージに入れるには工夫が必要でした。清水家の家族会議は綿密なものでした。人に抱かれない猫、外でノラ猫としての警戒心ばかりは一人前です。なかなか難しいことでした。しかし、「仙台に連れて行こう」と決めた以上、捕まえることは失敗が許されません。

華と琴はそれとは知らず「自分たちの我が家」をいつものように自由に出たり入ったりして「まさか！」は考えていないようでした。押入れに上がって隠れたつもりの猫を一匹ずつ誘導して二匹とも確保できてまずはホッと一息。マリアも小さな猫かごに入れて「それっ行け〜！」と気合を入れて車に三匹を乗せて別れの挨拶もそこそこにマンションの友だち数人と猫友の田中緑さんに送られて室蘭港へと直行です。

室蘭港からフェリーに乗って青森は大間港へ、そこから一路、太平洋を左に南下すること七時間、仙台市泉区の借家にたどり着きました。

フェリーでは車内に残され、機械音の中におかれた華と琴、マリアは私と一緒にゲージに入れて客室でよく耐えてくれました。

お疲れ様でした。

3　ハーブ畑で保護した猫たち――チャペタ・ミーコ・JOY

二〇〇〇年五月

南中山に引っ越し

二〇〇〇年、泉区南中山に家を建て、引っ越しました。横浜の母の家を処分して同居することになりました。ちょうど介護保険制度が始まった年で、母も「要介護2」という判定を得て仙台に来ました。認知症が始まっていました。

この年のお正月は仙台で過ごし、横浜に帰った後に和室の備えつけ箪笥引出しの裏に下着が何枚か落ちていました。几帳面な母でしたので「これは変だな?」と思いながらおりました。時々電話を掛けたり、掛かってきたりしていましたが、その会話の中に「お金がどこにいったかわからない」ということがあり、夫が「お母さん、洗濯機の下は?」「あっ、ありました!」。

この繰り返しが多くなり、お医者さんも「少し認知症がはいってきましたね」と言います。

決心がついたのは、病院の帰りに行きつけの美容院の前で歩けないでしゃがみこんでいた母がいて、美容師さんが家まで送ってくださったことからです。

その時から母は、もう一人ではやっていけないなと思い始めたようです。すぐに行ってみましたら、冷蔵庫の中がめちゃくちゃでした。

ご近所の若いご夫婦と叔母に助けられ、時々娘（八千代）が訪問してはその生活を見守ってきました。以前からたびたび、「一緒に札幌に」「一緒に仙台へ」と誘いましたが、近くに仲良しの友人もいたせいか「まだ大丈夫」と母は言っていました。

南中山に同居して、生協のデイサービスに通いました。

「休みたければ休んでいいのよ」

と言いましたが休むといったことは一度もありませんでした。翌日は一日中疲れて寝ておりました。

デイサービスのスタッフさんが皆親切に母を見守ってくださり、手を貸してくださいました。手芸の好きな母は作ったものを喜んで持ち帰りました。畑仕事も大好きでした。

私は、家の隣が空地になっていましたので借りることにしました。家が建つまでという約束でハーブ畑を始めたのです。ガーデナーのKさんに頼んで牛糞の混ざった良い土を入れ、歩くための道を十字に付け、足元が泥んこにならないように木屑をまいていただきました。

東京にいた頃、料理の先生がブルガリア料理の専門家で、ハーブを使った料理をいろいろ教えてくださいました。ハーブを使った料理はとてもおいしいので私はハーブに興味を持ちました。それで七十四坪もある土地を躊躇なく借りました。

ハーブとともに他の花も植えて、数年の間ハーブの香りがする家になり、犬のお散歩で通る方が声をかけてくださいました。収獲したハーブはドライにしては保存しました。

そのハーブ畑に顔を出していた猫がいました。うわさで、ご飯をあげている人がいるということを聞いていました。私が夕方水撒きをしますと、猫たちは顔を出します。特に寂しげな顔つきをした猫は、必ず私のことを畑のすみからじっと見ていました。

ご飯をあげていた人が引っ越しました。四匹いた猫たちは急にご飯がもらえなくなってしまいました。

しようがないね。家で保護しよう。外には出さずに家において……。

それから、畑にご飯を置いて、食べさせました。ご飯を置く位置を少しずつ家の近くにもってきて一か月近くかけて玄関まで誘導しました。

最後は玄関の中で食べるようにして、なれてきたらドアを閉めて捕まえました。猫ゲージに保護して病院に連れて行き、避妊手術をして家猫にしたのです。

斑模様の猫をチャペタと名付け、その子供をミーコと名付け、寂しげな顔つきの猫を「楽しく暮らしなさいよ」とＪＯＹと名付けました。

この時のエピソード。

夫と「この猫たちを家に入れてうちの猫にしましょう」と決めて、保護の仕方を相談しました。昼間は私一人ですので、まずは私ができることをしました。チャペタとミーコはいつも一緒にいるので、二匹同時にご飯を用意しました。

畑から家まではご飯があれば近づいてきて食べます。

さて玄関の中に入るは良しとしても、逃がさないように、脅かさないように家に入れるにはどうしたものかと考えました。

そして、こうすることに……。玄関ノブに縄ひもを結びました。それを手に巻きつけてドアのうしろに夫が隠れました。私はご飯をいつもの通り玄関に置きます。それから徐々に廊下に近い所に置きます。猫はお腹がすいているので、安心はしてないけれど「ここで食べなければ喰いっぱぐれてしまうからとにかく食べよう」とやってきます。

食べている最中に夫は玄関ドアを少しずつ音もなく閉め始めました。最後の瞬間手を放しました。紐はずるずるとほぐれて玄関ドアはパタンと閉まりました。

それからが大変！

私が猫ゲージの口を開けてチャペタが逃げる方向に近づき隅に追い込んだところで、ゲージのドアをあけて壁に押し付け、チャペタがゲージに入ったところを見定めてゲージのドアを閉める。成功！　しばらくゲージの中において落ち着いてもらうのですが、猫は恐怖だったかもしれません。続いてミーコも同じようにして保護しました。

ＪＯＹは臆病な猫でしたから、警戒心が続いていました。先日ＪＯＹが家のそばまで来ているところを撮った写真を見つけ、それを見ましたら緊張と恐れの顔でした。それでも皆と同じように玄関から入って保護しました。ＪＯＹはしばらくは一階にいて、カーテンの陰に隠れたり、食卓テーブルの椅子に座ってテーブルクロスが姿を隠すのにちょうどいいと思ったのでしょうか、しばらくはそんな風にリビングに隠れながらおりました。

何の拍子であったか忘れましたが、ＪＯＹは二階に上がったのです。夫の部屋と寝室、ロフトとクローゼットと、隠れ場所や居心地の良い場所があります。華や琴も二階を居住区にしておりました。マリアはどこでも家族がそばにいればよかったのです。

猫を保護することで、「町の浄化」に一役かったことになりました。猫が町を歩いているのって良い感じじゃない？　と思っていましたが、時代が変わったんですかね。

最後の四匹目もと思いましたが、これは男の子でしたので外にお家を作って敷地内に「住んでいいよ。食事は用意してあげるから」という距離にしました。

ところが日々玄関に座っているこのオス猫は目立ちました。通る人々は清水さんの猫と思うようになったことでしょう。ある日、一晩でこの猫の姿は消えました。

「町の浄化」の犠牲になったのでしょうか？

家に入った三匹は緊張したことでしょう。同時に家にいた華、琴、マリアもびっくりしたことでしょう。幸い皆それぞれが居場所を確保できて落ち着きました。穏やかに暮らしていました。全部で六匹の家族になりました。

東日本大震災（二〇一一年三月）前年に母をはじめ、華、マリア、琴が次々逝きました。

サラ、チャペタ、ミーコ、ＪＯＹの四匹が残りました。

サラはお隣のご主人が会社で保護した五匹の子猫の一匹なのでした。二匹は私の友人の友人の農家に貰われていきました。残る二匹は会社の方がお一人一匹ずつもらって飼うことに。

サラは女の子で美人で、二〇一〇年初夏以来ともに暮らして八年になります。

今は、その後被災地で保護された猫「チョビ」と仲良く暮らしております。

4　サラのこと

二〇一〇年春—初夏

お隣のKさん一家は動物好きのご一家です。

「ピンポーン」のチャイムとともに段ボールを抱えたKさんの奥様が顔を出しました。

「清水さ〜ん！　これ見てください。うちの人の会社の外で生まれた猫なんです〜。春まだ朝晩の冷え込みのある時期三月、会社の外に置いてある古い冷凍庫の上でノラちゃんが産んだんです。ところが四匹が冷凍庫の裏に落ちてしまったんですって。一匹だけ冷凍庫の上に残されていて母猫は裏に落ちた子猫たちのことが気になって地面に下りて、たぶん授乳してたのでしょうね」

Kさんのご主人は全部の子猫を保護して家に連れて帰ったそうで、それで清水家を訪問したのでした。

結果、我が家で一匹、柴田町の友人が大槻町の友人（農家）を紹介してくださった

サラ

ところ、ちょうど猫が死んだばかりだからと二匹の里親になってくださいました。

Kさんのご主人は会社を休んで、二時間近くかかる大槻まで連れていったそうです。残る二匹は会社の社員さんが二人、一匹ずつ里親さんになってくださったそうです。

一件落着！


さて、我が家にきた猫は白みがちなお腹にトラシマのハートがついていて、美人さん疑いなしのメス猫でした。生後ふた月経ったかどうか？

サラと名付けました。

あれから八年経ちましたから、サラは八歳になりました。人になついていいますが、抱かれることを好みません。

避妊手術をして子供も産まず、私の母が可愛がっておりました。

東日本大震災も私と一緒に乗り切りました。地震がくると即座にテーブルの下に入るサラちゃんです。

5　東日本大震災後の被災猫の保護——チョビ・まり、東松島から清水家へ

二〇一一年三月十一日、何が起こったかわかりませんでした。

食卓テーブルの下に隠れました。サラも一緒にそばにいました。チャペタとミーコは二階で大きなゆれに驚いていたことでしょう。目の高さでノートの紙が一直線で飛んでいくのが見えました。三分待てばおさまると頭で考えていましたが、爆発音のような大きな音でした。地震とは思えません。地震がおさまってすぐ、ご近所の滝本さんのご主人が来てくれました。私は「何があったのですか？　これはどこかで爆発ですか？」と聞いて、普通の地震とはまったく違うことが起こったと思っていました。このすぐ後、我が家から遠くに見える沿岸地帯では、たくさんの人々、動物が波にのまれていたのでした。

夫は翌日レンタカーで東京を発ち、十七時間かかって十三日夜明け前に帰ってきました。停電、水は出ない、ガソリンは不足、気温が下がって被災地は雪が降りました

し、不自由が続きました。夫が帰るまで、滝本さんのご主人にはお世話になりました。クタクタに疲れて帰宅した夫は、休む間もなく生活の必需品集めに奔走しました。水が出る公園を見つけ、毎日飲料水を汲みに行きました。後半には胸が苦しいと感じるようになったと言いましたので体を心配しましたが、やっと水が出るようになってホッとしました。エピソードがたくさんありました。報道されて皆さますでにご存知と思いますので省きますね。

私は、震災三週間後から支援活動を始めました。札幌の看護系の方たちにマリアの実家の石垣靖子さんが声をかけてくださいました。私の遠縁の娘さんが仙台の盲導犬協会に四月から勤めたばかりでしたから、叔母が心配して電話をかけてきました。私の所にも電話をくださり被災の様子を教えてほしいといってきました。その叔母は「××犬の会」の人たちに声をかけてくださって会員の皆さまが伝え合い、日本全国から支援物資が届きました。我が家の和室、玄関、廊下は段ボール箱でいっぱいになりました。

ボランティアをしたいという方が我が家に集まりました。加美町の友人小林由美子さんはすぐにも物資が欲しいと取りに来ました。東松島市の牛網地区で猫、犬保護活動をしている安倍淳子さんが（住民のための）被災地支援を始めているので、訪ねるとよいと提案がありました。

とりあえず食糧を購入して安倍さんを訪問しました。そして私たちの支援物資を地域に配布してくださるお話がまとまりました。グループは七人で結成されました。のちに「東京支援G」として関静子さんをリーダーにA教会の皆さん、福祉系のCLCからも三人加わりました。地道な支援のなかで通信を第10号まで出して実情を全国にお知らせしました。清水哲郎（哲学）は巻頭言で「津波テンデンコ」「異の倫理と同の倫理」などを書きました。支援物資が主に安倍さんの手で配布されました。三年間支援活動は続きました。

震災で飼い主を失くした猫たち犬たちがたくさんいます。動物の保護も大きな課題でした。

震災後、海辺の石の上で一匹の犬が「海の彼方」を見ながら飼い主を待つ姿が涙を誘いました。

我が家が関係した猫の保護は、最初が塩釜の猫二匹。大阪で職を得た笠間史子さんは札幌時代にお付き合いがあり、引き受けてくださいました。夫が大阪で仕事があったついでに二匹を連れて空港で手渡しました。

その後、札幌の看護師長田さんがすでに二匹いるところへ被災猫一匹を家族にしてくださいました。さらに札幌のマリアの実家、石垣さんの所へうちの「まり」と同名の「マリ」と「レオ」の二匹をヒマラヤン家族四匹亡きあとの家族として迎えてくださいました。航空輸送で千歳に送りました。私の友人田中緑さんと里親になる靖子さんが新千歳空港で迎えてくださいました。

ここ仙台では被災地ボランティア仲間の五日市さんが一匹「みーちゃん」、我が家に二匹、それは「まり」と「チョビ」でした。「まり」は推定三〜五歳と思われました。チョビは数か月。安倍さんが保護していました。被災二世として里親探しの対象になっておりました。

昨年二〇一七年三月、「まり」は腎不全で亡くなりましたが、人間のターミナルと同じ考えを持ちながら看取りました。

印象に残っているのは、ターミナル期に「まり」がよろよろしながらストーブの前に横になっていましたら、チョビがうしろから「まり」を抱きかかえたのです。そして頭や身体を毛づくろいしてあげました。

サラはしばしば「まり」のそばに行ってにおいを嗅いでいました。死期が近いことがわかるようでした。まりとチョビは兄弟ではありませんが、一緒に暮らして、一緒に我が家にきましたからお互いの中に絆が出来ていたんでしょう。サラは一歩引いた感じでしたが、先住猫ですから喧嘩もせずに受け入れていたと思います。

「まり」が旅立ち、チョビとサラはお互いに近づきあって遊んでいますが、一緒に抱き合ったり、同じところで寝たりはしないのです。チョビは私に抱かれて外に出ますが、サラは戸があいていても眺めるだけで外には行かず、私たちが戻るのを待っています。性格でしょうか。どの猫にも個性の違いを感じます。

「東日本大震災支援G」（代表　清水八千代）が最初に支援させていただいた高橋さん（保育園の調理師さん）から震災当日のようすを伺いました。亡くなられた方々のために忘れることなく祈り続けたいと思います。

先日、医学会のために東松島にいらっしゃった友人は、松島の賑やかなところは小さな島がたくさんあるおかげで津波の被害は少なかったが、外海に直面している野蒜はもろに持って行かれてしまったと聞いて驚いていました。野蒜はアサリをとることができる美しい海岸だったそうです。

震災の日、野蒜の小学校は避難所として指定された学校でした。保育園の調理師だった高橋さんは子供たちを車に乗せて野蒜小学校まで走りました。保育所から東南方向約三キロメートル離れた所に学校はありました。

両手に子供の手を引いて体育館に入りました。波はすぐにひざ上になり、瞬く間に一メートルほどの深さになり、水かさは増すばかりでした。足元から迫り胸上にきました。両手に連れた子供たちを校舎の二階三階へと押し上げるだけで精一杯だったと……。

すでに遺体となった方々をまたぐことができないで怖がって立ちすくむ子供たちに「爺ちゃんや婆ちゃんは、踏んだら痛がるから踏まないでね」と言い聞かせて、大きくまたいで前に進むようにうながしました。そして建物の上階に避難して九死に一生を得ました。……下階に居た車椅子のご老人たちには何もできなかったと辛いご体験を話してくださいました。

その高橋さんも我が家に集まった支援物資を車に積んで持ち帰りました。高橋さんご自身も家を失っていました。少しはお役に立ちましたでしょうか。

私たち支援Gの活動は、北は気仙沼に近い本吉町の漁業組合二か所と大谷幼稚園についてはCLC（NPO法人全国コミュニティライフサポートセンター）の大江さんと「ライフワークサポート響き」の阿部さんが中心になり、南は亘理、山元町で私の東京時代の友人町議会議員森淑子さんが活動を展開しました。

先日（二〇一八年七月）夫と大船渡に行ってきました。帰りに「大谷道の駅」で買い物をして高速に乗ろうとして道に迷いました。ふと、外に見覚えのあるモダンな建物が見えました。

「あら！　この建物を見たことがあるわ」と私が言い、夫が門の表示を見て「大谷幼稚園と書いてあるよ」と言います。そうでした。行事ごとにお菓子や絵本やいろいろ支援して交流のあったあの「大谷幼稚園」でした。一時、小学校に避難していましたが、立派な園舎ができて喜んでいる写真が通信第10号に掲載されているのです。七年経って実際に園舎を目にできたのはうれしいことでした。

三年間の支援活動を一旦終えることにしました。支援金は一千万円、支援物資は四千五百個強集まりました。

その後、猫のためにさらに十五万円を支援しました。

安倍さんは保護された猫たちの世話や里親探しのボランテイア活動をお一人で続けていて、後に泉ヶ岳の山間に「命のリレー、猫サロン」を始めました。

まだ東松島で活動していた頃のこと、私に「一匹の猫の里親になっていただけませんか」というお話がありました。それが「まり」。続いて、性格がいいので清水さんのところでもう一匹と言われ、それが「チョビ」です。

我が家にはそのときすでに四匹の猫がおりました。

サラ、チャペタ、ミーコ、ＪＯＹ、そこへ二匹入りますと六匹になります。はてさてどうしたことか?

家族会議です。私たちも高齢者の仲間入りをする年齢でしたのでいろいろ躊躇しました。

話しあった結果、家猫にすることにしました。「これが最後です」。

筑波の友人の友人も一匹引き取りました。甘え子ちゃんと可愛がられました。この友人はケンブリッジで我が家の裏手に住んでいた「猫好き日本人ご一家」で（八四頁、手紙13の送り主）、息子さんがケンブリッジのヘンリーと遊んで猫好きになり、今では立派な動物の医師になりました。

その後、東松島の猫たちの間では「パルボウイルス感染」が広がりました。安倍さんはその対応に追われました。我が家にも感染した子猫六匹が一時来ていましたが、私一人では世話しきれません。

ＣＬＣからの庄子紀夫さん（男性）にも三匹お願いしました。結局は皆亡くなりました。残念でしたが救えませんでした。裏庭に埋葬しました。「安かれ」と祈り、庄子さんも涙でした。やさしい人ですね。彼は最近、庭に迷い込んだ子猫「黒ちゃん」を保護して家猫にしました。

うちのチョビは庄子さんが大好きです。チョビは性格の穏やかな猫で人にも猫にも好かれ、ハーブ畑で保護したＪＯＹとも二階に行っては遊んであげていました。動画がありますがここでお見せできないのが残念です。

サラは美人猫でおすましさんですが、最近では私の傍にぴったりで、私が朝四時に寝ることになっても電気を消して寝るまでそばにいて起きているのです。私がベッドから落ちると、心配してかすぐ飛んできてそばにいます。低いベッドなので、怪我はありません。

サラは爪を切っていただくために時々Ｓ動物病院を受診します。なぜか若い看護師さんに抱かれているのを見ました。夫は「おいおいサラちゃん、うちでは、抱かれるのが好きじゃないのに、ここでは看護師さんにおとなしく抱かれているのかい」とあきれたとのこと。

大きな声では鳴かず食事の催促もせず、動物病院では看護師さんにおとなしく抱かれています。でも、美人さんなのでつい気を許すと引っ掻かれます。猫も皆個性ですね。気を付けてね～！

一方的にかわいがるよりも猫に合わせて相手の性格を引き出すことが大事です。そのためには「時間」あるいは「待つ」がないとね。

チョビは自分丸出しの猫になっています。

湿度の高いムシムシの夜でした。外に連れて行ってもらいたくて、さんざん「外に行こうよ～」と要求していましたが、こちらの都合もあり「ちょっと、待ってね」と待たせておきました。食事が終わって一休みして夫が「じゃーチョビ、外に行こうか」と言うまもなく、彼は理解してさっさと玄関ドア

サラ

の前で待ちました。

いつもは一時間くらい外にいたがるのですが、このムシムシの夜は三十分も保《も》たず自分から玄関ドアの前に座って家に入りたがったそうです。こんなことは初めてのことですが、湿度の高い昨今は猫も苦手!?

そして、チョビは家に入ると「雨の日の猫は眠い」ではなく（ムシムシの日は疲れる。不快だー）とソファーの上ですぐさま寝てしまいました。

不快度ＭＡＸのチョビ。私も術後の頸に響くので不快！

安倍さんの猫サロンの形はイギリスのブルークロスに似ていますが、民間のサロンですから資金は自分たちで集

チョビ

めています。

いろいろご苦労なさりながら活動されています。最近は猫ブームということであちらこちらで似た活動があります。行政からの支援などあるといいですね。

第4章　猫たちとの別れ

1　ガオとの出会いと別れ

仙台市泉区の借家で暮らしていた頃のこと、ガオが我が家の一員になったきっかけは、冬の夜中に吹く強風でした。

ガオは夜中の二時頃、寒風の吹くなか「ガオーガオー」と〝ドスのきいた〟かすれ声で、鳴いて歩いていました。

私はしばしその声で目をさまし「かわいそうに」と思い続けて一冬を過ごしました。暖かくなって我が家の庭に顔を出すようになり、華や琴とやりあった時期がありましたが、そのうち、お互いに折り合いをつけたようでした。庭石を使い分けてくつろぐ姿がありました。うちにはすでに三匹の猫がおりましたので、飼うつもりはなく食事を与えることもしませんでした。

庭には、もう一匹「狸ちゃん」がいて、それはご近所で飼うことになったと聞き安心しました。

冬の「ガオーガオー」鳴きはどのくらい続いたのでしたか。夫婦で話し合い、決心をして、うちの飼い猫にすることにしました。庭に面した和室をガオの部屋にしました。

しばらくはほかの猫と距離をおき、私たち夫婦と仲良くするようにして暮らし始めました（もちろんほかの猫たちは興味津々）。病院にいれて健康チェックと手当てをして家に戻ってきました。交通事故の後遺症や肝臓（？）の病気やらエイズやら、たくさん背負っておりました。

ガオについての過去の憶測はいろいろです。自分から出奔したのか、捨てられたのか、転居に伴い置き去りにさ

ガオ

れたのか。びっくりしたのは、うちで食事をするようになってから、ガオはベージュの毛並みからトラ猫のシマシマが出てきて、琴と同じ縞模様だったのです。こんなになるまでこの猫は……と思い、可哀想でした。

共に暮らすうちにわかったことは、ガオは元飼い主に大変かわいがられていた猫であるということでした。それと男性に飼われていたのではないかと推察しました。夫に抱かれて寛いでいるとき、その表情も態度も「すべて良し」のような安定したガオがいました。私の語彙力では表せないのです。でも、とにかくかつてはものすごく可愛がられて、のびやかに過ごしていたと思われます。

時が経つにつれて、うちの華や琴やマリアとも一緒にいるようになりました。印象的なことは、マリアとガオが一つ部屋の中で（一応、自分の居場所が人によって決められてはいたのですが）ガオは決してマリアのバスケ（ストーブの前）のなかには入らず、その横に寝そべって居心地よさそうにしていたことです。そんな出会いをどこかで書いておきたいと思っておりましたので、ついつい長々になってしまいました。

人も猫もおなじですね。ガオのことはたくさんの楽しい思い出と、やれることはやったという思いがあってハッピーな別れ方になりました。それぞれの別れがあります。

ガオの最期（猫のトマスのターミナルケア往復書簡二〇〇一年春より抜粋）

その後のトマスはいかがですか？　玉枝さんの見ていない隙にトイレにいくというお話を思い出しました。うちの「ガオ」も免疫不全であごの下に穴があいて、食事もままならずで、ふらふらになりながらも、オス猫としてのエリア巡回を最後までやっていたのを思い出しました。夜中に出ていくんですよ。私が心配して迎えにいくと、二、三軒先の車の下に蹲っているのネ。抱き上げて家に連れて帰るんだけど、彼は一瞬私を飼い主と気付けず、私のホッペにくらいつきそうになるんです。が、もう、すでに力がないのでホッペにはくらいつけず、そのまま抱かれて玄関に入って、やっと私が飼い主だとわかるらしくて安心した様子で自分の寝場所にもどるのね。

それから数日してガオは召されてしまうんです。

猫は最期に「死に場所」を探すとか「姿を消す」とかいう話があるでしょ。だからガオは最期はどうするかと思っていました。自然の成り行きで姿を消すのも良しか、と私は心の中で覚悟をしていたんです。

ですが、最後はそのエネルギーもなかったのか、ソファーの上で、それこそ目だけあけておりました。四月二十日の夜九時二十分。コロンとソファーから下りて息をひきとっていました。私がちょっと部屋から出た合間のことでした。早いもので、もうこの四月で丸二年が過ぎました。土葬にしたんですよ。その上に石を置いたんです（両手でやっと持てるくらいの）。

将監から南中山に転居してしばらくしてから私はふと気づいたんです。ガオの墓石が新しい玄関前庭スペースに置いてあるのを。私は母のことで頭がグチャグチャになっていたので（その頃、母の状態を最悪に感じていたんです）、ガオの墓石のことを考えるゆとりがありませんでした。夫は墓石だけ持ってきたんです。あの人らしいことでした。今も玄関に置いてあります。

ガオがお世話になった獣医さんにあいさつに行ってきました。仙台でガオを保護していろんな検査をしてもらってから、家の飼い猫にしたんですけど、検査をしてみるとあちこち壊れていて（エイズ検査もした）結構なお支払いになりました。でも、「ターミナル期に入っていると思う」とおっしゃった頃は週一回の注射や飲み薬など何もかも半額にしてくださったんです。そして、自分は安楽死をさせない主義だからと。私たちもそれは望んでいないという話し合いがあって、二か月くらいお世話になったんです。ガオの死後、先生のところにあいさつに行きましたら、先生が「清水さん、ありがとうございました」と最敬礼なさったのです。

おそらくホームレスの猫をひきとって最期の時まで共にいたということに、先生な

ガオ（息を引き取る前）

りに感謝の気持ちがあったんでしょうね。
この時、先生のやさしさが見えて嬉しかった。

2　トマスとガオのターミナル——玉枝さんとの往復書簡抜粋

猫のトマスのターミナルケア——往復書簡二〇〇一年春

たまえ・バーネット＋しみず・やちよ

清水八千代様、お元気ですか。ロンドンも、少し晴れてクロッカスも咲いたと喜んでいると、すぐまた雨の日に逆戻りです。

帰ってきてから次男の樹（Miki）が肺炎で入院、それと同時にトマスも弱ってきて一時は家がザワザワしてました。樹は元気になりましたが、トマスはどんどん弱って、いまは弱りきっております。これも何の因果か元ホスピスナースの家に飼われたので、未だ安楽死もなくケアされています。

獣医では腎臓に何かあるということでバイオプシーをしたけど結局何もはっきりせず、全身麻酔で開腹をと言われたけど、とてもそういうことに耐えられない身体と断りました。その後人間と同じようにロウソク現象があり、よろけながら下に降りてきて、生肉を要求したりしていたけれど、ついに二、三歩動いては倒れるようになり、一日中横たわって空をみつめてる猫になりました。それでも決死の覚悟でトイレには行くので（それも私の見ていない隙に）片道数時間くらいかかってしまいます。

今では私もパターンがわかったので、先回りしてさりげなく助けてあげられるようになりました。今は水と卵を少しなめるだけで、あとどのくらい、時が残されているかと思います。

隣のおじさんはもう眠らせるべきだと言いましたが、のたうちまわって苦しんでいるならともかく、私にはとてもそんな選択はできません。動物の世界にはもともとそういうことは起こらないことだし、とても不思議なことに昼も夜もいつ見ても、じっと横たわっているのに、目は開いているのです。ぐっすり眠ることさえできないのかもしれません。

私もはじめてホスピス患者の家族となったわけです。

私の友だちには、猫好きがなぜか集まっているので、人間みたいだけど、一人二人とお別れに来てくれてます。

では、お体に気をつけて。

二月十五日　　バーネット玉枝

バーネット玉枝様
イギリス猫カードのお手紙ありがとうございます。カードをいただくとイギリスらしさが嬉しくて、心が温かくなります。

そうそう、トマスのことが一番の気がかりで机に座りました。
「あの、トマスが……」と。一度会っただけですが、あの日、あの時、研君と樹君との間で「僕もここにいるよ」と合図していたトマスのことが思い出されます。そして、穏やかなハッピー顔で、バーネットさんの家での幸せがこの上ないものの顔をしていました。

三月三日　哲郎主催の市民講座で在宅ホスピスをなさっていらっしゃる岡部健先生のお話をききました。生命の終わりが近づく頃に「お迎え」が来る人がいるというお話。実は欧米でもこれってあるんですって。私の知人の心理学者の本で読んだことです。

玉枝さん　ロウソク現象って私は知りませんでした。トマスの話で初めて知りました。

哲郎の父が今、在宅ホスピスの状態になり、ガン専門医の往診、訪問看護師さん、ヘルパーさんの助けをいただいております。

哲郎の母は七十八歳で介護をしていますが、時々つらい経験をしております。味覚や嗅覚がなくなっていく父ですから、不安になり、涙することになります。元々口数の少ない父ですのでその事を言わないのです。母はしばらくたってから気がつくのです。そして夫婦ですから介護疲れもあって、時に思いやりのないことになってしまったり、言いすぎたと心を痛めることになってしまったりします。

残念なことに私たちは仙台ですから、母の話を聞くだけで、そばにいてあげることができません。もちろん、夫、妹、妹のご主人、皆、できるだけ両親の所に行く努力はしております。私も時には上京します。

（後略）

ではまた、ごきげんよう

トマスお大事に。

S・Y

八千代様

お便りとアンケートありがとうございました。

こちらも、まだ雨は毎日のように降りますが、天気予報では春が来た（気温が上がった）といっていました。日本人の感覚とは違うのでちょっとずれてしまいます。

トマスのこと、心配してくださりありがとうございました。

たぶんあの手紙が届いた頃は天国に着いた頃でしょう。最期は私も久しぶりにホスピスナースに戻って看護しました。でもそれはトマスのためというよりは私のためだったかもしれません。彼は動物としての尊厳（そういうことがあれば）を持って気高くしていたし、内心私のことはうっとうしかったかもしれません。人間の最期は自分も、家族もお互いに暗黙の了解と甘えがあって、一匹狼の動物とは違うなと感心させられることばかりでした。

最期は子供たちが寝静まって、私が側で本を読んでいる時に訪れました。

死後の処置（エンジェルケアと私たちは呼んでいた）をしていてやっと体をじっくりみれて、口の側に傷があって私にさわらせなかったことや、歯がほとんどなくて固形物が食べられなくなっていたこと、それでキャットフードを拒否していたんだなーとかを初めて知りました。

最期はゴロゴロもできず空気の音だけ聞こえて、やがてそれも聞こえなくなっていたのに、最後にうんちが出た時、しきりに泣き声を出して私に知らせてたのにはびっくりしました。

それで彼ともお別れができたことを悟って子供たちも寝る前のお別れのお祈りをしました。

研（Ken）は日ごろ全然動物には興味を示さない子なのに、泣いて「お別れしたくない」と言い出したのには驚きました。学校での短いスピーチの時にも、「トマスが病気で死にそうなのでママがケアをしている」と言ったというのもびっくりしました。いつも玩具の話しかしない子なのに、親も知らないいろんなことを感じてるんだなー（表現しなくても）と思わせられたことでした。


ちょうど次の日が日曜日だったので、教会でお祈りをして、天国の話をして、フラワーマーケットで花を買ってきて、パパと庭に穴を掘って埋め、花を植えました。

子供たちが生まれた時からいるトマスなので、動物というより家族だったのでしょうか。あとでお友だちが来たとき、ここにトマスを埋めたとおしえて、二人でうなず

トマスと研ちゃん

きあっていたのを見て、死に対して偏見はないようでも、何か神秘的な秘儀めいた感情はもってるんだなと思いました。

　樹のほうは、トマスは穴の中にいるということ以外の感情はないようですが、おもしろいのはチャールズ（手紙の送り主、玉枝さんの夫）で、彼も最期を見ていないので、何度も夢で甦ってくるというのをみていることです。以前ユングの夢判断に興味をもっていたので、こういうのはおもしろいと思いました。

　そして私たちはこうやって、愛するものを失った家族の気持ちを体験したわけです。

　私がこうして長い手紙を書いているのも、喪の作業っていうことでしょう。お許しください。

ところで清水先生のお父様や、八千代さんのお母さんのケア、心身ともに大変なこととお察しします。昨日も介護ケア制度のおとし穴についてのプログラムを見たばかりです。どういうケアが大変で、どれが大変でないかを点数で表して、コンピューターで介護時間をはじきだすという、アホなことができると考えた人たちってどんな人たちだ、ってあきれます。

こういうところに、まるでイマジネーションやフレキシビリティのなさは、日本の役人の得意とするところですね。

イギリスという国は、こういう時、裏にびっくりするような抜け道があったりして、おもしろいんですけど。

先日の新聞『TIMES』に首相の数々の失言失態が日本経済を低下させ、ホームレス（写真つき）が増え、次には日本初の女性首相が誕生するかも（元女優とコメントつきで）と、完璧に日本人はアホといっているような記事が出ていて、うなっちゃいました。政界の影の黒幕をショーグンたちと呼ぶのも、皮肉屋のイギリス人らしいことですけれど。

樹はまた肺炎になって、この二週間親子で苦しんでます。今は抗生物質がきいて少し上昇中です。こうやって自分で抵抗力をつけていくしか道はなさそうです。

仙台もまだ寒いのでしょうか。桜が恋しいです。こちらには桜の木はあっても桜並木がないので、あの感じが出ません。桜もちもないし⁉

ではお体に気をつけて、猫ちゃんたちに　よろしく

二〇〇一年三月十五日　Ｔａｍａｅ

玉枝様

日本のゴールデンウィーク前半は真冬のような寒さになり、元気も消沈してしまいました。今頃のロンドンはきっと新緑の美しい頃ですね。樹くんの肺炎はよくなった頃かと思います。樹くんはつらい思いをしましたね。それ以上に、介護をする玉枝さんはもっと辛かったことでしょう。ご夫婦のご心配もひとしおの事だったろうと遅れ

ばせながらお見舞い申し上げます。

トマスは、「チャールズ&玉枝さん&研くん&樹くん、ありがとう」ですね。

M区での仕事の時、公立幼稚園五園の教師たち共通の願いは、動物を飼うことや植物を育てることを大切にしたいということでした。室外ではウサギ、チャボを飼い、室内では小鳥、ハムスター、金魚等と。

四歳の四月の頃は教師が世話をしたり可愛がったりする姿を見せるところから始まり、生活の中に自然な形で動物や植物のことがともにあるようにしました。五歳六歳になると（特に修了の頃は）グループで誘いあって動植物の世話ができるようになり、しかも嫌がらずに飼育小屋のお掃除や餌をやること等ができるようになっておりました。もちろん、可愛がることも。個人差はあると思いますが。

ある時、うさぎのお墓の場所を変えるために埋めたばかりの兎を掘り返したんです。掘り返された兎をある子供が抱っこをして話しかけながら頭をなでておりました。土にまみれて硬くなったウサギの名前を呼びながらしっかりと抱くのです。私にはできないことでした。この時、子供というものの姿を見ました。生と死の境の認知力がどのように育つのか関心のあることでした。研くんのお別れのお祈りや、学校でトマスのケアのことを話すお話など私も感動しています。自分を取り巻く状況、子供の世界にインプットされている様子がこんな時にリアリティーを持って大人の前に描き出されるのって素敵なことだと思います。樹くんも言葉にはなりにくいけど、トマスに何かが起こっていることは感じているんでしょうね。イーリーの教会で動物のためのお祈りの日があるのにも感動したことがあります。イギリスはすごい動物愛護の国だと思いました。ブルークロスにも感心しましたし。

チャールズ先生の、トマスが夢で甦るお話もいいですね。そもそもトマスはチャールズ先生が保護してファミリーになったんですものね。それ以上に元ホスピスナース、玉枝さんのスピリットと実際の介護がトマスをハッピーにしたと思い、私も共感するところがたくさんありました。

トマスのご冥福をお祈りさせていただきます。もっともクリスチャンを自称する私が「冥福」などと仏教用語を使うのはおかしいですかね。
「天国でお幸せに」と言い換えたほうが良いかしら。

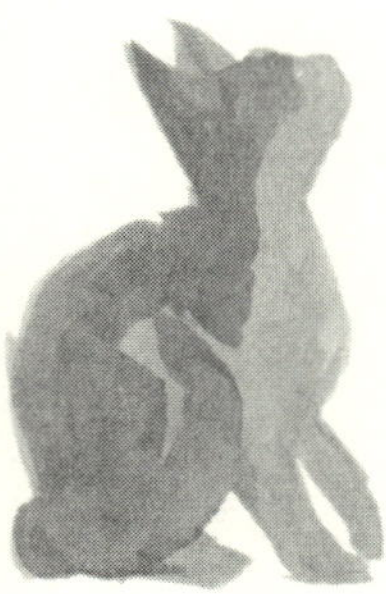

3　ロシアンブルー「モノ」

札幌から三匹の猫を車に乗せて室蘭港からフェリーで青森は大間に着きました。それから一路、宮城県仙台市泉区へ。華、琴、マリアは仙台市泉区の猫になりました。借家でしたが、庭が日本式で大きな庭石が二つもあって三匹の猫たちは庭に出ると庭石の上で寛ぐのが好きでした。

その後、横浜の私の母と同居することになり、泉区西部の南中山に家を建てました。「モノ」と名付けた猫ロシアンブルーが家族となりました。借家が最初の住まいで、その後、南中山に引っ越しました。その頃は他の猫と仲良く暮らすことができました。

二〇〇四年五月十三日、飼っている猫の一匹「モノ」（初めてお金を出して買った猫）を失いました。

飼い猫六匹になりました。琴、華、チャペタ、ミーコ、ＪＯＹはホームレス猫で保護した猫、ヒマラヤンのマリアはいただいた猫で六匹でした。七匹目モノは、できるならいつでも人のそばにいたい猫で甘えん坊でした。私を親と思って甘えていました。

家のキャットドアから外に出て、一畳ほどの外ゲージに出ては外の空気を楽しんでおりました。

モノが行方知れずになる前日のこと。

私が外出から戻ると、モノが窓辺で「入りたいポーズ」でうろうろしているのを見つけました。「あんたはどこから出たの？」と言いながら家に入れました。夫が留守だったので、私は一人でバタバタと暮らしていました。モノがどうしてゲージの外に出たのか、外ゲージの点検はしたものの、原因を見つけられないまま日々のことに追われていました。

二十二時、ロシアンブルーのモノの姿がないのに気づきました。八時頃には家族の周りにいた覚えがあります。家じゅう捜しましたがいません。どこから出たの？

夫が帰国したばかりで時差ぼけ状態でしたが、懐中電灯を手に、外ゲージを点検してくれました。

地上一・三メートルくらいはステンレスのフェンスですが、さらにその上三十センチくらいは網で囲っています。その網の一部が三コマ切れていることがわかりました。

モノ

猫の頭が出るのにちょうど良い大きさです。（時々開いたドアから脱出していたので）ひと遊びしたら帰ってくると思っていたのですが、戻りませんでした。

家の前の道路は交通量が結構あるので、猫を外に出さないという方針で家作りをしてありました。それで、セラミックの壁をぬいてきちんとキャットドアをつけました。請け負った会社の営業さんの最後までの課題だったようです。夫がイギリス輸入のキャットドアを見つけてきて、建築業者に依頼し、一、二階につけました。二階はテラスに出れば良かったのですが、一階はキャットドアから出たところに一畳ほどのゲージを手作りしました。地面から一・三メートルくらいはステンレスの格子、さらにその上は柱の回りを縄紐で四角く張り巡らせました。このゲージには一応庭に出るドアもつけ鍵もつけたのでした。

華、琴は元ホームレスの子供なので外の空気を恋しがる猫です。マリアも子猫の時からドライブを楽しみ、泉区の借家時代には、庭やその先のお宅くらいまでは、散歩に出る習慣がありました。新しい家では近隣に迷惑をかけてはいけないので外に出すことをしないと決めていましたが、急にそれでは可哀想と、モノは紐をつけて庭で遊ばせていました。自由に外に出すことはなかったのです。華、琴も外には出しませんでした。琴は一度脱走したことがありますが十日ほどして帰ってきました。

身軽なモノは時々二階のテラスを越えて、桂の木に飛び、スルスルと地面に下りて外に出てしまうことがありました。が、この二年ほどは、体重が増えて桂の木には飛び移れず、屋根に下りるだけで家族に抱き抱えられるか、自分でテラスに戻ってきました。外に出ることは稀だったのです。

家族の迂闊さの間をぬって出てしまうことはありましたが、せいぜい三、四時間で戻ってくるので、気にはかけていたものの、それほどの心配はしていませんでした。ところが今回は違ったのです。三週間経っても戻りませんでした。

我が家を拠点にして、五百メートル範囲は、地域の様子を目で調べ、聞き込み、チラシを入れ、夕方、夜中とモノの名前を呼びながら捜しました。

新聞広告、警察、公共の機関などとも連絡をとりました。

札幌でも二匹の猫を行方知れずにしたことがあり、そのうちの一匹は子猫だったので、猫友だち総動員で捜し続けたことがありました（第1章「3　文智とパンダ」「4　文智、行方知れず」）。しかし見つからずじまいでした。

過去の経験を生かして近隣五百メートル～八百メートルをくまなく捜しました。新聞広告も三度だしたのです。近所の方々、タクシー運転手さんにはさんざんお世話になりました。私は動物の行動観察など好きなほうなので、一応モノの日頃の行動、「外に出ると一区画向こうくらいにいて」、それもせいぜい「三軒両隣くらいでうろうろして」、「戻る道もだいたい決まっている」ことはわかっていました。加えて猫の一般的習性も考え合わせて捜しました。

母のデイサービスの連絡帖にはつぎのように書いてあります。

「……実際に歩いて聞き込み、一軒一軒声を掛けるなどしています。そうしますと、これにおいがまったくない（猫のにおいがしないという意味ではなく）という感じ。これは答えかもしれませんね。「待つ」ということも大切と思いますが、事実をからだ（脚、口、目）で調べるとわかることがあるって大切なことだと痛感します。娘（＝私）はできるだけのことをした上で「待つ」姿勢を考えて動いております。母も心配しております。……」

十六日目に入ってから、モノを失うのかもしれないと思い始めました。

同時に環境の保全を怠っていたことで起こったとの痛恨と飼い主の責任を痛感していました。

結局戻らず、新年を迎えても、私たち家族は「モノ」の「モ」の字も口にできず、写真も見られず、話題にもしたくなく、悲しみのまま（事故的な要素が強いと思われたので）、この悲しみは薄らぐことはないとまで思いながらの二〇〇五年の新年を迎えたのでした。

動物と関係を持つということは「愛情を十分注ぐ、信頼関係を築く、コミュニケーションができる」などが基本だと思います。この関係が深まるほど、別れは忘れられないものとなります。こうした事態が生じた今、私たちの祈りは、「どちらかのお宅で食事を提供され可愛がられていますように」でした。

実家の（両家の）動物物語は別として、私たち夫婦が動物に関わって三十年、動物の人と似て非なるところが面白くて、特に犬派のはずだった夫婦が二人とも猫派に転じてその面白さを楽しんできたのでしたが、他方、動物に関わる倫理的なことを考えさせられることも多くなりました。


地域に猫が歩いていたら困るの？

飼い方が問われているということもあるよね。

動物が嫌いな人もいるからね。

庭をトイレにされると臭うから嫌だというのはもっともなことで……。

お家の中で猫トイレを置いておけば外ではしない。犬はお散歩しながらシャベルとビニール袋をもって、犬が「うん」をしたらシャベルでとっている姿があるよね。これならいいんじゃない？

犬と猫の習性も違っていて、猫は猫らしく、犬は犬らしくと夫は言いますが……。

ということは相手をよく知るということは大事よね。個別の違いもあるしね。

人間の都合ばかりではなく、猫や犬（その他の小動物）の都合も受け入れないとね。

そうですね〜。彼らの欲求をわかってあげられたらいいんだけど、人間の都合もいろいろあるから。

互いに譲りあいながら……、猫はご飯のある家につくのだそうで……、ご飯をきちんと与えなくてはね〜。

飼うと決めたら最後まで自分たちで責任をとることも大事ですし〜。と考えるといろいろ気を遣って、でも飼うと可愛くて……。

（以上、私の自問自答）

4　華が十九・一歳で亡くなる

「華は華らしく」逝きました。

うちの華ちゃん、とうとう人生の締めくくりに入ったみたいです。可哀想な様子ではありますが、病院にいくほうがかえって華の負担になりそうなので動きにまかせております。今は一階の手洗い場にいます。一応バスケに毛布を入れて……。

でも、そこにはじっとしておらずに場所を変えています。やはり死に場所を探すんでしょうか。私はこういう時、涙もでないんです。じーっと華の動きと身体の様子を観察してしまいます。性格だなーと思います。

今朝は、母の部屋の静かなところを探してそこにいました。マリアがわかっているみたいです。琴の反応は……？　まだわかりません。華の具合は昨日から急に悪くなりました。

十二月九日、我が家の華ちゃんが、ターミナルにはいったみたいです。腰がまったく立ちません。この二日ほどで悪くなり、昨日から食事も水も口にせず。あと少しという感じです。今晩もちますかどうか。十九・一歳です。私一人の看取りになりそうです。

札幌にいる夫に華の写メールを送りましたら、そこに居合わせた石垣靖子さんが、毛布やカイロはかえって華には苦痛になると医師が言っていたわよと……（つい最近マリアの兄が石垣さん宅で亡くなったばかり）。

私も、いろいろやっても華はいやなんだなーと思うようになっていたので納得できました。

十二月十日早朝、華は逝きました。

午前三時まで一緒におりましたが、母のこともありますので寝ました。

朝起きて、華が逝ったことがわかりました。口をあけて硬くなっていました。夫が帰るまでと毛布にくるんでバスケットに入っております。東京の妹に携帯メールで知らせましたら、ポム（昨年十九歳で）のことを思い出しては今も悲しいと言ってきました。華は骨にしましょう。庭に埋葬しようと話しております。

自然に還るようにと。
動物の斎場に行って、やっと涙が……。
猫たちは皆シーンとして喪中です。
琴は特に可哀想ですね。分身がいなくなったのですから。

華

5　二〇一〇年五月六日、マリア逝く

マリアはガンのターミナルを迎え、十八歳と四か月で五月六日午前三時十分に亡くなりました。腹水がたまっておなかは大きく膨らんでいましたが、じっと耐えて最期まで美人のマリアでした。

後日、マリアの最期の時に撮った写真を見ますと、やはり辛さを耐えている顔でした。

十八歳と四か月のヒマラヤンの猫マリアが、琴より一足先に逝きました。琴は二十三歳を超えた老猫（人間の百歳近い）ですから、これが先に逝くとばかり思っておりました。

弱ってはいましたが、マリアはいつものように爪とぎ箱の中に身をおいて、いつもと変わらない様子でおりました。食事はとれなくなっていました。

気持ちが通じ合うところがあって、じっと目を見ながら意志を伝えていたように思います。私の手から食事をとることも「もういいのよ」と伝えていました。

最期は片目が見えなくなっていましたが、それでも一つの目をあけて心をかよわすことができました。マリアが亡くなったことを医師に伝えた時に私は医師に尋ねました。

「もう少し早く先生をお訪ねしたらよかったのでしょうか」

「清水さん、僕はベストな見送りだったと思うよ。僕も昔はいじくりまわしたほうだったけど、結局本人にはつらいことになることが多くてね。だから十八歳と四か月まで自然のままで生かされたんだからベストな介護になっていたんですよ」

と医師は答えてくれました。

マリアの様子が変だなと思って受診した時に、医師からは「あと一週間」と告げられました。私の心は沈みきっておりました。本当に一週間後、マリアは旅立ちました。

細い息がいつまでも続いて夜中の十二時頃には「もうだめかしら？」と思う時がありましたが、それから三時間は呼吸を確かめることができておりました。

夫が最期を確認しました。三時十分でした。

ガン患者マリアのターミナルでした。

弔問のメールが入りました（マリアの実家石垣ご夫妻から）。

それをもってマリアへの送る言葉にさせていただきました。


〈マリアへ送る言葉〉

八千代さん、哲郎さん、マリアちゃん、ありがとうございました。

マリアは一番小さくて最後にうまれました。ルチア（母猫）はマリアを取られまいと必死に守ろうとしていました。

ようやくマリアを引き出した時は、ぐったりしていました。へその緒を切り、温かいタオルで包んだ時の手の感覚が今でも残っています。十八年もよく生きてくれました。

二人の愛情のお蔭です。

今夜は先に逝った子供たちとともに、人生の大事な時を一緒に生きてくれましたことに感謝したいと思っております。

マリア

送る言葉をありがとうございました。

マリアも嬉しく思っております。

マリアの埋葬には、葬儀を仕事としている友人熊谷律子さんが飛んできて、埋葬を手伝ってくださいました。お花を買ってきて、実家の石垣さんから頂いたレースの「S」というネームいりの真っ白いタオルに包むことを提案してくださり、マリアを段ボール箱ではなく籐かごに入れてゆりの花を飾りました。

夫の帰りを待ち、前夜祭をしました。

火葬に付し、祭壇を置きました。小さなお骨になったマリアはマリアだけの祭壇でお花に囲まれて「マリアは幸せ！」です。

人に最も近く暮らしたマリアですので、

亡くなって一週間経っても、「いつものように生活を共にしている」と錯覚してしまいます。ほかの猫とは違った感情なのは生活の距離が一番近かったせいでしょうか。

「十分なことができない家族を許してくださいね」という気持ちも人間に対するのと同じように思います。

6　琴の看取り

二十三歳と半年の猫、琴が、二〇一〇年六月二十三日午前十時頃、旅立ちました。

老衰でしたが、体は腎臓が機能せず、口腔は奥歯が一本ずつしかなく口内炎が痛みをともなっていました。言葉を持たない動物はケアをする者がその痛みや辛さを読み取ることしかできませんが、そのことが動物と飼う者とのコミュニケーションを密にするか、あっさり距離をおくかはさまざまでしょう。

琴が亡くなったと確認するのに一人では自信がなく、毎週午後お掃除に来てくださるWさんにも確認していただき埋葬の準備をしました。

琴の遺体を持ち上げて発泡スチロールの箱に入れた時、琴は口から液体を流し続けていたことがわかりました。最期の頃は頭は硬く死んでいるかのような状態でしたから（おなかを見ると息をしていることがわかり、生きていると確認できました）そっと見守るだけでした。

「動物は健気」という言葉が私の感覚の中にひろがります。

二十三歳の琴はマリアの旅立ちから、二日ほど経って様子が変わりました。トイレのことがわからなくなりました。二階にいるのですが、あちこちに失禁します。

私たち夫婦は、亡くなったばかりのマリアのことを思いながら、「琴の認知症的な症状」に対応することになりました。徘徊的な行動もありますので、サークルを作り、失禁パットをサークルの全面に敷き、トイレ、水、寝床などをサークルの中に入れたり、作ったりしながら琴の生活の範囲を制限しました。

広さにして一畳あるかないかです。時々サークルから出して自由にしてあげます。サークルのなかでの老猫「琴」は落ち着いております。

今朝起きて二階に行ってみましたら「かたちのあるウンチ人差し指大一個と、あとは下し便」があちこちにあり、その上を琴がフラフラとよろけながらも歩いておりました。朝一番にひと働きをして、猫たちに（他に二匹いて計三匹）朝ご飯をあげて一件落着まで約一時間半を要しました。

清潔にしたことやご飯を食べて満足したことで、琴もほっとした様子でベッドに入り、落ち着いて寝はじめました。

母が施設「中山の家」に戻った後のことでしたのでタイミングは良かったのですが。

病院に連れていきましたら、腎臓が壊れていること、奥歯が一本ずつしかなく、しかも歯槽膿漏《しそうのうろう》で食べると痛いことなどわかりました（薬は飲ませていましたが）。

こうして、琴のターミナル（老衰ですね）に付き合うことになりました。

食欲がありますので、しばらくは一緒にいられそうです。

琴は清水家の猫の自覚は十分すぎる

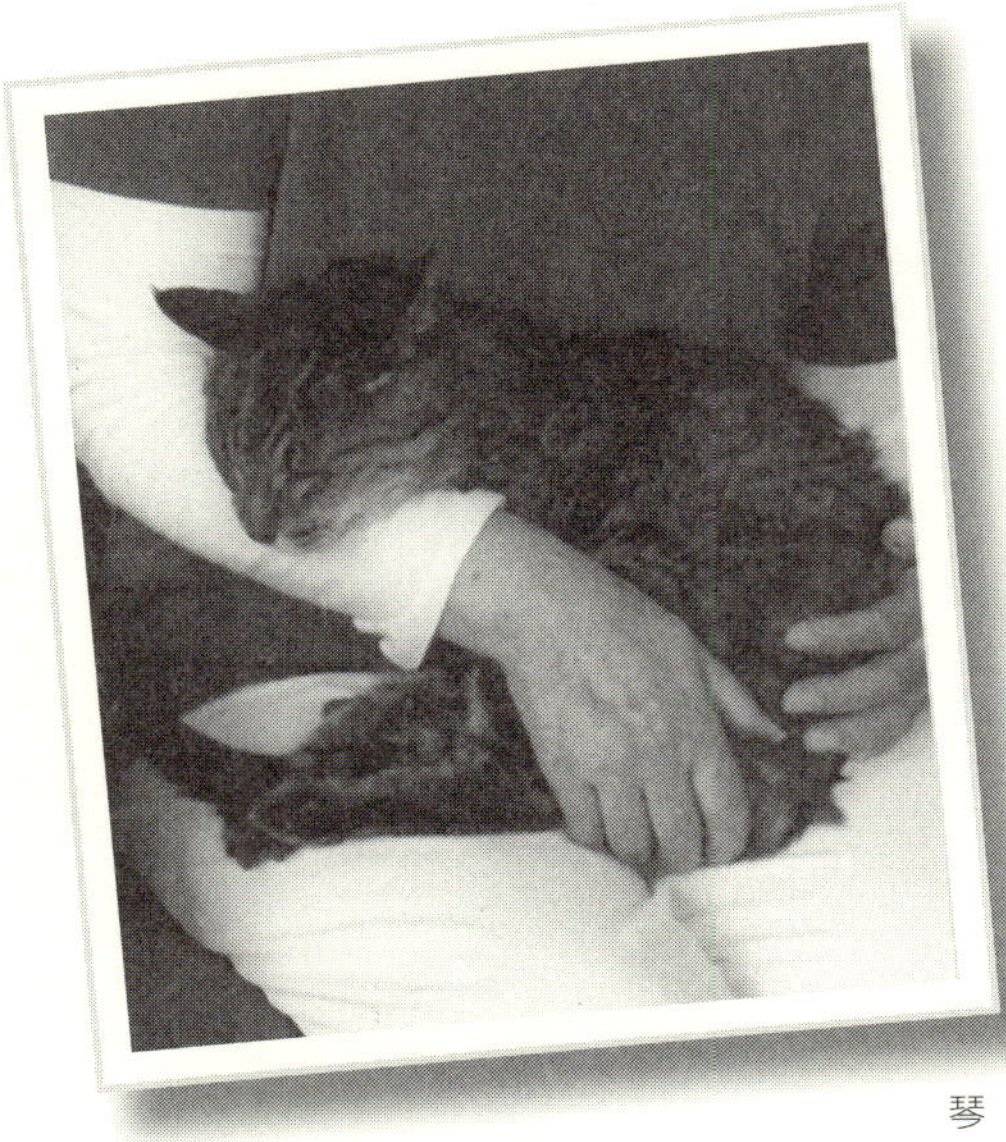

琴

くらいありますのに、だれにも抱かれない猫でした。

ところが、体が弱ってきてからの数か月、琴は抱かれるようになりました。

夫は「琴は自分が人に抱かれない猫だったことを忘れてしまったのではないか？」と言います。大きな低音でほえるように鳴く時期も通り越した頃から、人に抱かれて心地よさそうにする琴がおります。しかも「抱いて欲しい」とねだります。


こうして札幌から連れてきた猫たち、華、琴、マリアは、二十年近く共に暮らしたので、「居て当たり前の存在」でしたが、一つ一つの「灯」が消えて、言葉を交わすことができなくなることや心を通わすことができなくなる別れの経験は「喪失感」をより深くします。

7　チャペタとミーコの旅立ち

二〇一一年秋、推定五～六歳のチャペタ（南中山に転居して、南中山で三匹保護した猫の一匹）が口内炎の悪化で、十日ほど夫のベッドの裏で食事も取れず痛みに耐えて、ジッとしておりました。抱けない猫でしたので病院にも連れて行けず、薬ものませられず、何も手助けできませんでした。

そして、最期は二階テラスのフレームの中に行き、横たわったままでいました。夕方少しのミルクを飲み、夫が遅い帰宅でしたが、チャペタの最期を看取ったのは二十二時をまわっていました。ミルクボールのふちは赤い血の色で可哀想なことでしたが、静かな旅立ちでした。

その後、チャペタの娘ミーコはほとんどロフトから出ないでいましたので、私が毎日階段を上がってロフトにご飯をおきました。

ミーコ（左）、チャペタ（右）

これがひと月続いた後、ある日、ご飯をおきに行きましたらミーコは動きません。さらに上がって様子を見ました。ミーコは誰に看取られることなく、母猫のあとを追うようにして旅立ちました。

私が「ミーコはお母さんのあとを追ったんだわ」と言いますと、夫は「そんなことはないよ。ミーコの寿命だよ」と言います。頑固なまでに「母猫のあとを追った」わけではないと……。

8　震災後の保護猫「まり」の看取り

被災地の猫二匹の里親になりました。そのうち、まり（♀推定三～五歳）が重篤の腎不全で二〇一六年三月二日に亡くなりました。

ここのところ我が家には四匹の猫がいました。震災以前からいたＪＯＹとサラに、被災猫のまりとチョビ（被災二世）です。チョビはストルバイト（膀胱に結石ができて尿がでなくなる）の治療、サラは口内炎で歯を十三本抜く手術をしました。

これらの治療が終わってホッとしたのも束の間、まりが食事を摂らなくなりました。同じ動物病院で検査をしていただいた結果「重篤の腎不全」とわかりました。検査値が相当悪いと言われました。

二〇一五年の七月二十日のことでした。

それから三日ごとの点滴のための通院が始まりました。二〇一六年になって腎臓の数値はさらに悪くなり、点滴は一日おきになりました。

まりとチョビ（ちょび髭なのでチョビ）を保護して我が家に紹介していただいた保護活動をしておられる安倍さんとのやりとりが始まりました。

このやりとりをしているさなか、私はこれは人生の最終段階と同じ問題だと思いました。

「その尊厳を保って」と言いますが、どうすれば、まりの尊厳を保てる、つまり「まりはまりらしく」人生の最終段階を過ごせるでしょうか。

清水から「猫サロン」安倍淳子様へ　二〇一五年七月（清水まり推定三～五歳）

「猫サロン」のブログみました。ありがとうございます。

まりのことは、一喜一憂です。体重が一・六キロをわると危険だそうです。現在二・〇キロです。食欲増進剤を飲んでいますが、今日は固形（子供用小さな固形その後は缶づめのペースト）を少し食べただけで、あまり食は進みません。

ストーブの前まで来るのは点滴をした日ですね。生命の限りがそれぞれにありますから。まりにはまりのなんですね。

清水から安倍淳子様へ

寒い一日でした。

まりは、二十日以上食事を摂っていません。皮下補液と栄養点滴を二日に一度ですが、これもいつまでやるか先生と相談しながらと思っております。先生もまりの生命力には驚いております。

まりは、自分の慣れ親しんだ所にいます。昼間は私のベッドの上で寝ていますが、まだトイレも粗相がないのです。

清水から安倍淳子様へ　「まりは最後の力を」

今晩は、メールをありがとうございました。

今日はS病院に行ってきました。一・九キロになってしまいました。

まりはいろんな場面で最後の力を振り絞っているようなところがあります。

押入れの上段が自分の居場所だったんですが、今ではそこに上がる元気がなく、飛び上がる力はないはずですのに、満身の力で飛び上がって押入れに上がったり、ヨロヨロしながら、いつものようにトイレをしたり、ヨロヨロしながら和室からリヴィングのストーブの前に横になったりいつものように暮らそうと頑張ります。

先生と相談しました。家のなかでの自由はそろそろ終えてと。

サークルを用意しました。小さなトイレとベッドを用意しました。夜中はここに置くことを考えていますが、様子を見てみます。

時にチョビはまりがいるだろうと思う押し入れに顔を突っ込んで、まりの所在を確認していました。

淳子さんが会いに来てくださる月曜日まで持つといいのですが。先生も予知ができないと言います。すでに一線を超えているので……。二十日以上食べないで生きているのが驚きですからとも……。

チョビとサラを見てますと、動物は「まりの死の近いことを」感じていると思わせられます。

清水から安倍淳子様へ　「まりを囲んでチョビとサラ」

まりは、かなり弱っていますが、一人で病室を出たり入ったりしています。排尿もしています。夜は病室で休んでいます。病室というのはゲージのことで、昨日、五日市京子さんが手伝ってくださって組立て、二人で病室と名付けました。

まりは、もっと警戒するかなと思いましたら、自分のベッドのせいか安心して入って寝てはおき、起きては病室から出てじっとかたまっています。

まりが亡くなる三日ほど前のことです。

驚きました。ストーブの前で横になっているまりをチョビが抱きかかえるようにして頭からおしりまでまりの全身を毛づくろいしてあげているんです。くまなくです。丁寧にきれいにしてあげていて、しかも後ろから抱きかかえて、まりは気持ちよさそうにしているんです。やさしくした日のあとチョビはなぜか病室に近づきません。サラは時々病室に関心をしめします。猫たちのぞれぞれの思いがあるのでしょうか。

今日は、午後は五日市京子さんが来

チョビ（右）、まり（左）

て、まりを見守ってくださいました。

夕方、ヒマラヤンのニカクンのお母さん田澤緑さんがリハーサルの帰りにまりを見舞ってくださいました。有り難いことです。

清水から安倍淳子様へ

今晩は。今日はお見舞いありがとうございました。まりは、よく眠っております。

淳子さんの膝におとなしく抱かれているまりは、かつて淳子さんからお世話頂いたことを体の感触で覚えているのかしらと思うほどに、淳子さんに安心しきった様子で抱かれていましたね。

もともと抱かれない猫だったんですのに。弱くなってから家族に抱かれるようになりました。

清水→安倍淳子様へ　「まりのターミナルを考える時期になり」

ありがとうございます。

私は、介護は最後まで自分たちでと思います。

哲郎は留守になりますので、幾つかの道はつけておきたいと考えておりますが、みなさんにご迷惑はかけずにと思いますし、私がギブアップのときのために、明日S先生にお伺いに上がって介護計画を立てたいと思います。

淳子さんにもお知恵をたくさんいただきたいと思います。宜しくお願いします。

■私からS先生への質問

○食べることについての注意点

○点滴の有無について

■先生からの診断

○血便なので、胃壁の炎症が進んでいる、壁に穴が開くとまりが辛い状態になるので、これで点滴は終了にしましょう。

○食事も終了にしましょう。

体重が一・六キロになりました。生きるために必要な体重をきっております。先週一・九キロありましたが。今日は一・六キロしかありませんでした。一週間で急速に

○・三キロも減少してしまいました。

治療は痛み止めだけにしましょう。三日くらいは持続します。三日後、必要でしたら来院してください。まりはとても頑張っています。あとは自然にまかせてお迎えを

待ちましょう。三月一日夕方のことでした。先生に抱かれたまりは血便と尿少量を失禁、先生の白衣を汚しましたが、先生は何も言わずゲージに戻しました。

医師が匙を投げたわけでも、私たちがまりを投げだしたわけでもありません。まりの衰弱は腎臓機能低下によるもので数値から奇跡が起きるとは思えないのです。よくなった例もあると安倍さんはおっしゃいますが、そういう対象ではないと思います。この判断は飼い主が勝手にしているわけではなく、病態への客観的な判断です。食べられなくなって、自然にお迎えを待つことを動物は知っているのだと思います。家族と共に過ごし、まりにとって安らかで落ち着いた静かな最期を迎えさせてあげたいと思います。

清水から安倍淳子様へ

安倍さんは「点滴も食事も絶つということはわずかな望みも絶つということだと思います」と書いておられます。

人間に対しても動物に対しても、この思いを抱く人は多いと思います。が、実際にそうやったとして、患者さん本人にとってはどうなんでしょう。まりにとってどうなんでしょう?

かなり昔からの論争ですね。まりが亡くなった後、しばらくして私は「なにもしてあげなくてよかったのかしら」との思いが横切っていました。

安倍さんのように最期まで望みを持つことが必要だったのかしらと思いましたが、やはり、うちのまりにはあれで良かったのではないかと思いました。

壊れた状態で息をしているから、嚥下しているからと「何かをしなければ気持ちがおさまらない」というのは、人それぞれかもしれません。

S先生は食べ物が入ることによって胃に穴があく心配をしています。出血による死が予測されました。といいますのは、今までも、点滴に胃への対応の薬を入れて、水分だけではないのです。昨年（二〇一五年）の七月からの治療でまりはよくがんばりました。それでも、よだれは少しずつあり、胃の調子は必ずしもよいとはいえないのです。嚥下はできても胃の状態を悪くするとしたら、食べればいいとはいえないでしょう。

また、まりの体重の減少の様子から衰弱が進んだ事実を考慮すべきではないでしょうか？　これは、人間にも当てはまることですよね。

私の少ない経験でも、食べられなくなると口を決して開けません。

まりもだんだん口を閉じておりました。それでも「ひとさじでも食べさせるべき」

でしょうか。

他の事例が参考になるかどうかはあまり考えてはおりません。

まり自身の診断から治療の経過、弱っていく姿、それで最後までそれらしくしているまりがおります。今、おだやかな最期のときにしてあげようとおもいます。

清水から安倍淳子様へ

二〇一六年三月二日午前三時過ぎ、まりは旅立ちました。

ご心配とご助言ありがとうございました。お礼申し上げます。

まりはペットでもなく、アニマルコンパニオンには近いけど、私たちには大事な家族で「うちの子」でした。たくさんの花で飾って荼毘にふしました。「ありがとう」の家族の言葉と共に。

安倍さんも私も「自然なかたちで見送る」という点では一致していたと思います。ただ、「自然な」というのがどういうことなのかについて、考えが少し違っていたようです。互いの意見をよく聞き、尊重しながら、「私としてはこうする」と選択しなければならないところが悩ましいところですね。

9　ＪＯＹの最期

東京から札幌、そして仙台と転居してきました。私が札幌に移って二年目の冬（三十年前）、一階に住んだマンションの個人使用の庭さきにノラ猫が子猫を産んだのがきっかけで、それ以来猫との生活が続いております。

死んでお骨にした猫はこの三十年間で八匹になりました。

猫という動物の「生と死」に関わってきました。

このたび、初めてＪＯＹという猫の「死の瞬間」に友人とともに立ち会うことになりました。これまでも八回「看取り」はしたのですが、いずれも目を離した間に旅立っていたので、「死に目に会えた」のは初めてでした。

「動物は死に場所を探すのか？」

動物は最期に死に場所を探すといいますが、なんとＪＯＹはずっと二階で暮らしていたのに、雨のなか一階に下りて、キャットドアから外に出ておりました。七月三日の夕方のことでした。

十七年前、家を建てるときに家の壁にキャットドアを取り付けてもらいました。出入りについてコントロールができるようになっていますが、このところは出るも入るも自由にできるようにしておりました。外に出ると小さなベンチがドアと同じ高さでおいてあります。ベンチを下りると小砂利が敷いてある地面になります。周りは畳三分の二くらいの広さでステンレス網目の囲いがしてありますから、それ以上は外に出られません。植物が見られるだけです。囲いゲージには鍵がかかっていて人間だけが出入りできます。猫をそれ以上外に出すことは絶対にしません。

ＪＯＹは、前述したように（第3章「3　ハーブ畑で保護した猫たち」）、この南中山に引っ越してきてから保護した猫で、家猫になって十五年です。推定十六歳くらいと思います。

当時、我が家にはすでに三匹の猫がおりました。札幌で保護した抱かれない猫、琴と華の二匹と、石垣靖子さん宅から我が家の家族になったヒマラヤンのマリアです。

ハーブ畑が縁で保護することになったノラ猫三匹（チャペタ・ミーコ・ＪＯＹ）を

家猫にするのには相当に時間がかかりましたが、それなりに皆がすみ分けてトラブルもなく暮らしました。

ＪＯＹは保護した頃は一階にいましたが、ある時何らかのきっかけがあってか二階に上がりました。それ以後十五年間、一度も一階に下りてきたことがありませんでした。ご飯は私と夫が運びました。気の弱いと感じることがありました。隠れて暮らしていたからです。

ＪＯＹは新築の家の壁紙を爪とぎに使っていたため、あちこち壁紙はなくなってしまいました。

ロンゲ（ロングヘアー）猫でしたから気になることがたくさんありましたが、なにもできないまま、二階で自由にさせていました。二階にもキャットドアがついていてテラスに出入りでき、また、ロフトに上がったり夫の書斎やクローゼット、ベッドルームに隠れたりしながら自由に暮らしました。

そして十五年が経ち、最期を迎えて逝った猫が六匹おりました。

新たに被災地の二世チョビとまりがきて四匹、昨年三月まりは三～五歳（推定）で腎不全で逝きました。今年は三匹が家族のように暮らしておりましたが、ＪＯＹは相変わらず二階で独りでした。サラやチョビが二階に行ってくれてましたが……、夫が帰宅すると同じ部屋でベッドの後ろに隠れながら一緒でした。

もう一年くらい経つでしょうか。ある時、ＪＯＹは下痢が続くようになりました。かかりつけの動物病院に相談して、乳酸菌の錠剤と下痢対策の散剤を処方していただきました。随分長くそれを試し、散剤の内容もいろいろ工夫していただきましたが、なかなか治りません。ついにまったく効果がなくなり、状態もさらに悪くなりかけたので、昨年十一月、動物病院に予め相談の上、捕まえて麻酔をかけ、たくさんの毛玉の処理と検診をしていただきました。

捕まらないＪＯＹをヘルパーさん、友人二人と私で追い込むようにして捕まえてゲージに入れて受診しました。その結果、腎不全でおなかの細菌が増えて下痢を起こしているとわかりました。ロンゲを奇麗にすいてカットもしてもらい、さっぱりのＪＯＹちゃんになりました。

その後も下痢は投薬で少しは良くなるようですが、治ることなく二〇一七年四月になりました。通院して点滴（皮下注射）を週一回するようになりました。下痢止めをもらいご飯にまぜ、六月末まで続きました。部屋はＪＯＹのおなかのせいで汚れてしまいます。朝、晩、清潔にしなければいけません。私、夫、友人、ヘルパーさん（助け合いのヘルパー）がやりました。

ＪＯＹは捕まって体に触れられたことで、なにか人への関心が増したと思われました。チョビへの関心もあり、少し階下の様子に関心を持ちはじめて、階段の上から鳴いて呼ぶようになりました。ご飯を階段上四段まで下りて食べていましたが、下痢はなかなか良くなりませんでした。無理に下におくことはしませんでした。医師との相談で自然にＪＯＹが下りてくることを待ちましょうと決めていました。

先生とも相談しながら薬や固形など試しました。

毎週一回友人と二人で捕まえて受診すること九回を超えました。骨と皮でした。鳴き声は大きいので、まだもう少し共に過ごせそうと思っていましたが、友人は捕まえるたびに軽くなっていると言っておりました。

いつの間にか「とうとう」の日が来ていたのです。私にとってはまさかのことでした。

七月三日、私が大学病院で定期検査をうけて帰宅したのは午後三時を過ぎていました。

疲れて帰宅した私は一時間半ほど眠ってしまい、起きて椅子に腰かけて雨の降る庭をながめて静かに過ごしておりました。胃カメラが終わってホッとしていたからです。

子猫のような鳴き声を聞きました。

外に行ってゲージを見ましたら、なんとなんとそこにはＪＯＹがベンチに上がれないで鳴いていました。小さな体で座って私に助けを求めていたのでした。

心臓がひっくり返るほどの驚き、あわてると胸が苦しいので、まず家に戻りフードつきの上着を着てゲージと猫用毛布とを持って、外ゲージの中の鍵をあけて入りました。

小さな毛布で簡単に包めました。雨にはあまり濡れていませんでした。ベンチの下に入れれば雨やどりはできていたのかもしれません（外に出てからどのくらい経ったのか不明です）。包んで携帯用ゲージに入れて家に戻り、まずはリビングにおきました。おとなしくゲージに入っていました。安心した様子がわかり、伝わってきます。長年一緒に暮らしたものにしかわからない言葉の往来があります。

私もホッとしつつも、さてこれからどうしたものかと先のことを考えながら、友人に電話をしました。飛んで来てくれました。時刻はすでに六時をまわっていました。

盛岡にいる夫にも電話をしました。

夫も私も電話を切りながら同じことを考えていました。

ＪＯＹが自分の最期の場所を探して十五年ぶりに一階にまで下りて、しかもキャットドアから外に出るなんて……、驚きでしかありません。

なぜ、外に出ていったのか、私も夫もそれ以外の可能性を考えてみましたが、答えは出ませんでした。今も答えはないのです。死に場所を探したのか、単に一階に下りてきたかったのか……。

五日市京子さんが飛んで来てくれて、二人で大きな三段のゲージにＪＯＹの部屋を作り、トイレと携帯ゲージをそのまま、大きなゲージに入れて、リビングにおきました。チョビやサラは遠巻きに様子を見に来ていました。

一晩、家族と一緒に過ごしました。

翌日も私は大学病院で検査でした。しかもそのあと陶芸教室でした。病院へは友人立原さんが付き添って下さり、陶芸の帰りは陶芸仲間の井樋さんが車に乗せてくれました。

ＪＯＹはぐったりして何も食べてはいませんでした。朝はおしっこが一回、棒状のうんちが四・五センチ、その他は水のような小さなうんちが三つありました。ご飯はほんの少し食べてありました。

陶芸の井樋まりさんは「お母さんの帰りを待っていたのね」と見舞ってくれました。立原智恵さんが来てくれました。五日市さんと私と三人でＪＯＹを見守りました。

六時二十分、突然の痙攣でした。三十秒くらいのことと思います。

その後さわっても反応がありません。三人で「これは死んじゃったんだよね」と何回か確認しました。あの痙攣が最期のことだったのでした。

魂がぬけていくようなことを感じました。二日後、再び顔を合わせた五日市さん、立原さん三人でＪＯＹのことを話しました。

私は「あの痙攣のとき、ＪＯＹの魂がぬけて天に行くように感じた」と話しますと、二人の友人もそう思ったと言いました。（真偽のほどはべつとして……）そう感じた経験は初めてのことでした。

三十年間、猫の最期に付き合ってきましたが、ほとんどは就寝後が多かったので、息をひきとるその時を見たのはＪＯＹが初めてでした。

悲しいというより感動的でした。

五日市さんと箱を用意して花を買ってきて、ＪＯＹの旅立ちの支度をして写真を撮

JOY

りました。友人立原夫妻が訪問してくださり、花かごをＪＯＹにおいてくださいました。

翌日、夫が盛岡から市営の火葬場に連絡して、遺体を取りに来てくれるよう手配をしてくれて、荼毘に付しました。


ＪＯＹが「一階に下りて、外に出て」というのはなんだったのかと……。

翌日（七月四日）亡くなったことを思うと「死に場所を探して」と考えていいのではと思うのですが、どうなんでしょう。

あとがき

以前に保護した「ガオ」「琴」「ＪＯＹ」「被災猫二世のまり」の介護生活を思い出しますと、人間の終末と共通したところがあったと思います。マリアの時も同じように思いました。

華とマリア、チャペタ、ミーコ、お預かりした子猫六匹（パルボウイルス感染）の場合は短期の介護でしたので、あっという間のお別れでした。

東松島の安倍淳子さんのところから札幌の石垣靖子さんのところには、レオと「抱けない猫マリ」が行きました。

二匹は長々と寝そべって手前にマリ、それを後ろからレオが抱きかかえて伸びきっている写真があります。海を渡って東松島から遠路見知らぬ土地に来て二匹が支え合っている風にも見えましたが、優しい飼い主さんとともにいて安心しきっているというのが本当のところでしょう。

レオちゃんはやはり腎不全で亡くなりました。今では抱かれなかったマリちゃんが飼い主の靖子さんの膝の上まで上がってくる、お出かけのお洋服の上に座り込んで

「行かないでよ〜！」とアピールする、というお話を伺って「良かった〜！」と安心します。

我が家の「被災二世まり」が終末期の頃、ヨロヨロとストーブの前に寝そべっていた時、やおらチョビがうしろから抱きついて背中をなめてあげていたのには感動したのですが、動物は「わかる」のですね。

まり亡きあと、チョビはサラと仲良く暮らして、サラは先住猫ですのになんでもチョビの真似をして自分らしさと猫らしさを混ぜ合わせるようになりました。サラを見ていますとおかしくなります。私を気遣ってもくれます。私が寝るまで寝ないで付き合っています。

チョビは自分丸出しの猫になっています。

誰にでも優しく人懐っこく、相手に攻撃することのない猫で皆から可愛がられています。

最近はハーネスをつけて外に連れて行きます。まだ慣れていません。ハーネスをつけるとすぐ玄関ドアの前へ行って「家に入りたい！」という仕草になりますが、ハーネスをつけない時は抱かれた状態でベンチに一緒に座って、自由にできないように押さえられたまま一時間くらいは外の空気と景色を楽しんでいます。

過去に書いたものの中でケンブリッジ時代のものがあります。

先日ＴＶを見ておりましたら、イーリーという地名と町の様子が映し出されました。懐かしいイーリーでした。この国教会では、動物たちの礼拝の日があることを聞いて驚き、さすが動物愛護の国と感心しました。

牛、馬、羊、犬、猫、鶏などなどが日曜日に礼拝に行くのです。二階の一部に皆並んで飼い主と一緒にいるのだそうです。

もう一つ感心したのは「ブルークロス」という動物愛護団体でした。保護されて行き場のない猫や犬のための保護施設をもっています。我が家の不動産のお世話をしてくださったクレイトンさんはブルークロスからもらってきたという猫を家猫にしていました。

RSPCA（王立動物虐待防止協会）があるのにも驚きましたし、動物と人間の関係の取り方に「注意深い」点を学びました。

いろいろなエピソードがあってこの本が出来ました。

チョビ

猫友ができたことも嬉しいことでした。どこにでも動物好きがいて嬉しいですね。犬は人に付く、猫はご飯のある家に付く。確かに。

文芸社の川邊朋代様、若林孝文様、イラストの井樋さん、ありがとうございました。

私とともに猫好き夫婦になって、保護の手伝いやケアを共にした夫にも感謝。

二〇一八年十二月

清水八千代

著者プロフィール

清水　八千代（しみず　やちよ）

北海道生まれ。児童期から青年期にかけて神奈川県在住。

東京都で幼稚園教論として22年間（内、後半13年間は目黒区公立幼稚園主任教論）働く。その間、甲状腺ガンにより数回手術を受け、体力の限界を感じて職を辞し、以降、夫の勤務地である札幌（1986〜93年）、仙台（1993年〜現在）で暮らす。

専業主婦のかたわら、東日本大震災東松島支援G、哲学サロンを主宰。

この間、疾患およびその後遺症をもって生きる日々について、自らの活動について、そして同居者である猫たちについて、手紙形式の自己表現を試みる。

本文イラスト：井樋まり（いとい　まり）
東京生まれ。武蔵野美術大学（工芸工業専攻）卒業。
革の素材が好きで、ハンドバッグのデザインを３年間経験。
現在、専業主婦。西ドイツ、アメリカ合衆国に２年ずつ住む。
趣味：水彩画、手織、型絵染、陶芸等。

猫は猫らしく、人は人らしく

2019年２月15日　初版第１刷発行

著　者　清水 八千代
発行者　瓜谷 綱延
発行所　株式会社文芸社
〒160-0022　東京都新宿区新宿1－10－1
電話　03-5369-3060（代表）
03-5369-2299（販売）

印刷所　株式会社フクイン

ISBN978-4-286-20209-9